Carolin Giesemann
Ines Bruckschen

Der Resilienz Faktor

Was dich langfristig erfolgreich macht

MURMANN

INHALTS VERZEICHNIS

Gebrauchsanleitung für dieses Buch

Hallo, schön, dass du da bist und dir Zeit nimmst für Impulse, wie du deinen Job und dein Leben noch aktiver gestalten kannst. Und dich gleichzeitig wappnest für Herausforderungen oder Krisen, die ja immer Teil unseres Lebens sind. Sprich: wie du den Resilienzfaktor nutzt, um langfristig erfolgreich zu werden.

Du kannst dieses Buch unterschiedlich nutzen – je nachdem, wofür du es gerade liest. Du suchst:

→ *konkrete Hilfestellungen in schwierigen Situationen?*
Dann lies das Buch am besten von vorn bis hinten. Das Buch ist in sieben wichtige Bausteine der Resilienz gegliedert, die aufeinander aufbauen. Am meisten profitierst du, wenn du über das Gelesene selbst noch einmal nachdenkst und die Tools nicht nur überfliegst, sondern direkt ausprobierst. Dieses Buch darf auf jeden Fall vollgeschrieben werden!

→ *den nächsten beruflichen Schritt, der dich erfüllt und dir Perspektiven bietet?*
Auch in diesem Fall fang am besten vorne an und finde Kapitel für Kapitel heraus, was dich wirklich interessiert, worin du gut bist, was du gerne machst und welche Jobs und Projekte zu dir passen könnten. Mit diesem Wissen entwickelst du schließlich eine Strategie, die dich in vielen kleinen motivierenden Schritten zu deinem Ziel bringt.

→ *kleine, feine Inspirationen, wie du dich weiterentwickeln kannst?*
Dann blättere gern hin und her. Wir haben in den Kapiteln verschiedene **Reflexionsfragen** und **Tools** eingefügt. Schau, was dich anspricht, und probier das eine oder andere einfach mal aus. Oder schau dir erst mal nur die Zeichnungen an – und lies an der Stelle rein, wo ein Bild dein Interesse weckt.

→ *Impulse für dich als Coach oder als Führungskraft?*
Jedes Kapitel hat einen Resilienzbaustein als Fokus. Du kannst also gezielt nach Übungen oder Anregungen suchen. Dein Mitarbeiter sieht sich immer als Opfer? Schau mal ins Kapitel »Eigenverantwortung«. Du willst deinen Coachee dabei unterstützen, auf neue Ideen zu kommen? Dann wirst du bei »Lösungsorientierung« fündig.

Für alle gilt: Das Buch darf gern immer wieder gelesen werden. Es ist im besten Sinne ein Arbeits- und Nachschlagebuch – ähnlich wie ein Kochbuch, das man ja auch nicht nach dem ersten Kochen weglegt, sondern immer wieder zur Anregung, Planung und Umsetzung aufschlägt, bis die einzelnen Bilder und Schritte von allein kommen.

Wir wünschen dir viel Freude beim Lesen, beim Lachen und beim Tun.

CHECK-IN

Was brauchen wir heute für
ein gelingendes Leben?

Bevor wir damit starten, uns Bausteine für ein gelingendes Leben anzusehen, frag dich doch mal kurz selbst:

Wie sieht für mich konkret ein gelingendes Leben aus?

Zur Inspiration ein paar Gedanken von uns:

Carolin:

- *Zeit mit Familie und Freunden verbringen,*
- *Freude und Erfüllung im Beruf und mich als wirksam erleben,*
- *die Möglichkeit, zu wachsen und zu lernen,*
- *mich kreativ ausdrücken – mit Musik, mit Schreiben oder Zeichnen*
- *Zeit in der Natur und einfach da sein.*

Ines:

- *Verbundenheit spüren mit den Menschen, die mir wichtig sind,*
- *einen Beruf ausüben, der mir Freude macht und etwas bewirkt,*
- *die Schönheit des Augenblicks wahrnehmen (Sonnenstrahlen auf der Haut, Blütenduft, Kinderlachen, Haselnusseis ...),*
- *gesund sein und Energie haben für meine Ziele.*

Unser Leben ist ein großes Versprechen

Noch nie schien uns die Welt so viele Chancen zu bieten. Wir können alles werden, arbeiten, wo wir wollen, mitgestalten und uns entwickeln. Gleichzeitig folgt eine Krise auf die andere: Pandemie, Kriege, Inflation, Fachkräftemangel und Stress im Job haben uns dünnhäutig gemacht. Mittlerweile ist klar: Es wird anstrengend und unberechenbar bleiben. Wir brauchen also mehr denn je die Fähigkeit, uns gut durch Krisen zu bringen und zu erkennen, wo in der Unsicherheit unsere Gestaltungsfreiheit liegt.

So viele Möglichkeiten – und was der eine als Chance sieht, empfindet ein anderer eher als überfordernd

Bislang fällt vielen von uns vor allem eine Strategie ein, wenn es turbulenter wird: Zähne zusammenbeißen, Augen zu und durch, einfach noch mehr anstrengen. Dafür opfern wir auch Wochenenden oder Urlaubstage, muss ja alles gemacht werden. Und wenn uns dann irgendwann die Puste ausgeht, suchen wir die Ursache dafür wieder bei uns. Wieso schaffe ich das nicht? Andere kriegen das doch auch hin …

Wirklich? Die Zahl der psychischen Erkrankungen wie Burn-out, Depression, Angststörungen oder Süchte steigt seit Jahren stetig. Die Coaching-Marktanalyse der RAUEN Group[1] untersucht regelmäßig den Coaching-Markt und die Themen, die Kunden mitbringen. Für 2024 konstatierte er, dass das Thema Resilienzstärkung seine Häufigkeit und Bedeutung gegenüber 2023 fast verdoppelt und gegenüber 2022 vervierfacht hat. Dabei sind das ja nur diejenigen, die sich eingestehen: Mir wird das zu viel.

Fakt ist: Psychische Erkrankungen sind auf dem Vormarsch. Diese Tendenz zeigt sich schon seit den 2000er-Jahren. Im Jahr 2023 hat sich die Lage weiter verschärft und einen neuen Höchststand an psychischen Erkrankungen erreicht. Das belegen zum Beispiel die Zahlen im DAK Gesundheitsreport 2023. Die Krankheitstage aufgrund

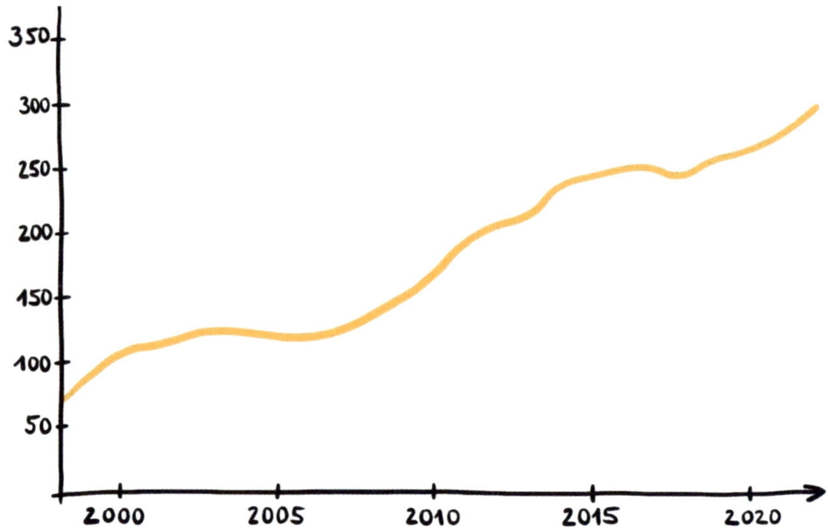

Zahlen der Krankheitstage aufgrund psychischer Erkrankungen je 100 Versicherungsnehmer:innen[2]

psychischer Erkrankungen haben sich in den letzten 20 Jahren mehr als verdreifacht.

Zu wissen, dass wir mit unseren Überforderungsgedanken nicht allein sind, kann tröstlich sein. Menschen aus den unterschiedlichsten Berufsgruppen sind betroffen, überlastete Eltern wie vereinsamende Singles, Geschäftsführerinnen wie Krankenpfleger, Erzieherinnen wie Akademiker. Ständig war Krise in den letzten Jahren. Wir sollen eine Transformation nach der anderen begleiten, altes Wissen verblasst gefühlt schneller, als wir uns neues wieder aneignen, und die alten äußeren Ordnungssysteme wie Hierarchien verlieren an Verbindlichkeit.

Um mit diesen veränderten Gegebenheiten besser klarzukommen, brauchen wir andere Kompetenzen als früher. Herauszufinden, welche das sind, beschäftigt schon seit Jahren etliche Hochschulen und Forschungseinrichtungen, und wir hatten beim Lesen der Studien das Gefühl, es wird von Jahr zu Jahr mehr, was wir können sollen.

*Die wichtigsten **Zukunftskompetenzen**, um mit dem stetigen Wandel und der wachsenden Komplexität zurechtzukommen, sind mittlerweile typische Anforderungen im Job*

Obwohl wir ordentlich ausgemistet haben, bleibt auch bei uns das Gefühl: Alle Future Skills zu besitzen hat etwas von der eierlegenden Wollmilchsau.

Wie geht es dir, wenn du liest, was du alles sein sollst? Stresst es dich? Das muss es nicht, denn:

1. Zum einen sind hier garantiert **Kompetenzen** dabei, die du **schon ziemlich gut** draufhast. Welche das sind, kannst du über verschiedene Tools in den Kapiteln »Optimismus«, »Eigenverantwortung« und »Selbstwirksamkeit« herausfinden.
2. Ein paar andere Kompetenzen kannst und solltest du sogar **loslassen** oder **transformieren**. Denn manches, das du fest verinnerlicht hast, kann dir heute im Weg stehen. Dieses Loslassen schafft Raum für Neues! Damit beschäftigen wir uns gleich auf den nächsten Seiten.
3. Außerdem geben wir dir mit diesem Buch jede Menge **weitere Strategien** an die Hand, die in kleinen Schritten dafür sorgen, deine Resilienz zu stärken. Denn über eine **gesteigerte Selbstfürsorge** bleibst du **auf gesunde Art und Weise belastbar**.

Beginnen wir mit der Reflexion, wie es mit den Zukunftskompetenzen bei dir aussieht.

Einladung zur Selbstreflexion:

Welche Zukunftskompetenzen bringst du schon ganz gut mit (nutze zur Inspiration das Bild auf Seite 11 – Zukunftskompetenzen)?

____

____

Bei welchen Zukunftskompetenzen hast du noch Nachholbedarf?

____

____

Welche Kompetenz könntest du noch weiterentwickeln, um deinen persönlichen Zielen näher zu kommen?

____

____

Loslassen tut gut!

Es ist wie beim Wohnung-Verschönern. Willst du den tollen und unglaublich gemütlichen Lesesessel in dein Wohnzimmer stellen, um darin wunderbare Stunden mit großartigen Büchern zum Entspannen und Krafttanken zu verbringen? Dann musst du erst mal Platz für ihn schaffen.

Es gibt zwei vermeintliche Stärken, die sich bei vielen von uns in den »inneren Wohnzimmern« breitgemacht haben. Früher haben sie für viel Anerkennung gesorgt, heute sind sie doch recht verschlissen und für die heutigen Anforderungen nicht mehr so geeignet.

Gewissenhaftigkeit: Für viele eine Ur-Tugend, deren Verlust in der heutigen Welt eine wahre Tragödie darstellt. Und ehrlich: Wen nervt es nicht, wenn die Präsentationen des Kollegen immer wieder vor Fehlern strotzen oder die Freundin den geliehenen Rasenmäher ziemlich verdreckt zurückbringt. Wenn wir mal wieder die Schludrigkeiten von anderen ausbügeln müssen und so unsere eigene Belastung erhöhen.

Aufgaben gewissenhaft zu erledigen ist grundsätzlich etwas Gutes. Die Übergänge zum **Perfektionismus** sind jedoch fließend, und beide Verhaltensweisen kosten einfach viel Zeit. Wann ist etwas schon wirklich perfekt? An den meisten Ergebnissen könnten wir bis zum Sankt-Nimmerleins-Tag feilen und sie verbessern und würden doch niemals fertig. Nun arbeiten die wenigsten von uns in Berufen, in denen Fehler Leben kosten. Heute gilt die Devise: Lieber früher ins Handeln kommen, dabei eher merken, wenn etwas nichts bringt, und dann beim Weitermachen anpassen und wieder Neues ausprobieren.

Manches Neue kommt dazu – wir dürfen aber anderes auch getrost entsorgen!

Ines:

Dass ich diese Zeilen heute schreibe, ist irgendwie lustig, denn eigentlich fühle ich mich ertappt. Gewissenhaftigkeit und Perfektion waren lange ein wichtiger Teil meiner Identität. Ich bin mir auch sicher, dass mein hoher Anspruch mich weit gebracht hat. Aber ich fürchte, ich habe es zeitweise übertrieben. Was habe ich unsere Volontäre in der Redaktion damit generut, dass sie Texte immer wieder zurückbekamen, wenn noch Fehler drin waren. Und wenn man mich so richtig auf die Palme bringen will, antwortet man nicht auf meine Nachrichten. Leider habe ich auch Zeit mit Ärgern und Umerziehungsmaßnahmen verbracht, um andere vom Nutzen der Gewissenhaftigkeit zu überzeugen. Und dann sollte mein Perfektionsdrang auf einmal »old school« sein? Das Umlernen fand ich erst anstrengend, dann immer leichter. Manchmal überfällt er mich auch heute noch hinterrücks, aber mit den weniger wichtigen Fristen und Aktionen kann ich heute deutlich entspannter umgehen. Und was soll ich sagen: Das spart mir so viel Zeit und Energie!

Was wir dafür bekommen

Wenn wir uns entscheiden, ein bisschen weniger perfektionistisch unterwegs zu sein und vielleicht eine zu 80 Prozent gute Sache abzugeben, dann gewinnen wir die Zeit, die wir in die letzten 20 Prozent gesteckt hätten (nicht unerheblich!). Die können wir dann für **kreative Techniken** nutzen, um auf **neue Ideen** zu kommen. Wir können uns mit Menschen **austauschen**, die ebenfalls gute **Anregungen zum Thema** beisteuern. Und wir agieren **immer pragmatischer**.

Beispiel Marshmallow Challenge

Wie wirkungsvoll das »Weiterentwickeln beim Tun« sein kann, zeigt die Marshmallow Challenge. Der Kanadier Tom Wujec hat dieses Spiel entwickelt, 2010 bei einem TED-Talk vorgestellt und mit Hunderten von unterschiedlichen Teams durchgeführt:

Teams von fünf bis sechs Personen erhalten jeweils ein Marshmallow, 20 ungekochte Spaghetti, einen Meter Bindfaden, einen

Meter Klebeband und eine Schere. Ihre Aufgabe ist es, innerhalb von 18 Minuten eine möglichst hohe, freistehende Konstruktion zu bauen, auf deren Spitze das (ganze) Marshmallow thront. Gewonnen hat das Team mit der höchsten Konstruktion.

Am besten von allen Teams schnitten Kindergartenkinder mit einer durchschnittlichen Turmhöhe von 75 Zentimetern ab. Schlusslicht waren BWL-Absolvent:innen mit 25 Zentimetern im Schnitt. Wie kommt's? Die BWL-Teams begannen erst mal, ausgiebig zu planen. Kurz vor Ablauf der Zeit hatte jeder seine konkrete Aufgabe, und alles lief wie am Schnürchen – bis das Marshmallow auf die Spitze gesetzt wurde. Der leichte Zuckerschaum veränderte die Statik der Spaghetti-Konstrukte komplett, viele stürzten vor dem Messen ein.

Die Kindergartenkinder begannen dagegen sofort mit dem Ausprobieren. Gingen Strukturen dabei kaputt – sprich: brachen die Spaghetti –, wurde viel geklebt und damit neue Struktur geschaffen. So wuchs ihr Turm von Minute 1 bis Minute 18 langsam in die Höhe. Was nicht funktionierte, wurde früh erkannt, dann wurde eben etwas anderes ausprobiert. Du kennst das vielleicht als **iteratives Vorgehen**.

Nicht schöner, aber höher!

Adieu, Einzelkämpfer, bye-bye, Dauer-Durchbeißer!

Es gibt weitere Strategien, die wir getrost loslassen können: Als Einzelne werden wir niemals so viel erreichen wie ein gutes Team oder ein Netzwerk, das Kräfte bündelt. Und wenn wir noch so sehr die Zähne zusammenbeißen. Verabschieden wir uns also von dem Gedanken, alles allein schaffen zu müssen, überlegen wir lieber, welche Menschen am besten zu uns und in unsere Netzwerke passen (mehr dazu im Kapitel »Netzwerkorientierung«).

Auch die Durchbeiß-Strategie hat weitgehend ausgedient: Wir können sie zwar immer mal wieder für eine kurze Zeit nutzen, um eine Ausnahmesituation zu überbrücken. Sobald die Durchbeiß-Strategie zum Dauerzustand wird, schadet sie uns. Zum einen gesundheitlich, zum anderen aber auch in puncto Leistung – wer immer am Anschlag arbeitet, kann nicht so kreativ und intelligent agieren wie ausgeruhte Köpfe. In so einem Fall sollten wir Unterstützung suchen und sehen, welche Bereiche wir in unserem Leben dringend ausbalancieren wollen.

Wie sieht es bei dir aus? Wie wichtig ist es dir, perfekte Arbeit abzuliefern?

Einladung zur Selbstreflexion:

In welchen Situationen ist es dir besonders wichtig, gewissenhaft zu arbeiten und perfekte Ergebnisse abzuliefern? Fallen dir Beispiele ein?

____

____

Wie häufig hattest du schon das Gefühl, alles allein hinbekommen zu müssen? Was waren das konkret für Phasen?

____

____

An welche Situationen würdest du künftig gerne etwas lockerer rangehen? Bei welchen Themen wünschst du dir mehr Team-Feeling? Wo könntest du um Unterstützung bitten? Wo würden auch 80 Prozent reichen?

Die Hoffnung, bei veränderten Rahmenbedingungen würde sich alles andere verbessern, ist weit verbreitet. Es wäre auch so angenehm, da müssten wir ja »nur« die für uns ideale Organisation finden und alles wird gut. Natürlich ist etwas Wahres dran. In wirklich toxischen Umfeldern können wir an unserer Haltung arbeiten, so viel wir wollen, ohne dass es zum Guten führt. Grundsätzlich müssen aber alle Unternehmen den Herausforderungen unserer Zeit begegnen, und wir werden an den wenigsten Stellen eine Welt wiederfinden, wie sie früher war und wo es weniger stressig zugeht. Wir können jedoch sehr gut an unserer Fähigkeit arbeiten, mit diesen Gegebenheiten zurechtzukommen. Denn die Resilienz hilft uns wirklich. Sie ist der Faktor, der uns langfristig erfolgreich und gesund sein lässt.

Resilienz – Was ist das überhaupt?

Noch vor einigen Jahren war der Begriff »Resilienz« außerhalb der Physik weitgehend unbekannt. Ursprünglich bedeutet er, dass etwas, das sich unter Druck verformt, beim Nachlassen des Drucks wieder in seine ursprüngliche Form zurückspringt, zum Beispiel wie eine Stahlfeder oder ein Schwamm.

Vor allem die Forscherin und Psychologin Emmy Werner hat mit einer berühmten Längsschnittstudie die Grundlage dafür gelegt, den Resilienzbegriff auf unsere psychische Gesundheit zu übertragen. Sie fragte sich, wie Kinder, die unter schwierigen Bedingungen heranwachsen, dennoch psychisch gesunde und stabile Persönlichkeiten werden. Untersucht hat sie das bereits in den 50er-Jahren des letzten Jahrhunderts auf der Insel Kauai, einer Nachbarinsel von Hawaii, auf der damals Armut und eine hohe Arbeitslosigkeit herrschten. Insgesamt wurden die Teilnehmenden 40 Jahre lang regelmäßig untersucht. Dabei fand sie verschiedene Faktoren, die das gesunde Aufwachsen begünstigten. Besonders wichtig: mindestens eine stabile Beziehung während der Kindheit (das konnte neben den Eltern auch ein Großelternteil oder eine Lehrerin sein).

Seitdem wurden weltweit unzählige Resilienzstudien durchgeführt, teilweise nur zu einzelnen Aspekten, teilweise sehr breit angelegt. Einen weiteren Schub bekam die Resilienzforschung, als Martin Seligman, ein amerikanischer Psychologe, in den 1990er-Jahren die Positive Psychologie begründete. Bis dahin hatte sich die Psychologie vor allem auf psychische Erkrankungen fokussiert. Seligman forschte nun daran, wie psychische Gesundheit gefördert werden kann – auch unter schwierigen Bedingungen (Seligman arbeitete dazu sehr oft mit dem Militär zusammen).

Dass das Thema immer prominenter wird, sieht man schon daran, wie häufig der Begriff mittlerweile gegoogelt wird. Da wundert es nicht, dass in den letzten Jahren immer mehr Bücher, Ideen und Konzepte zu Resilienz erschienen sind. Dabei gibt es zwischen den Autorinnen und Autoren viele Gemeinsamkeiten, aber auch Unterschiede. Schnell verliert man hier den Überblick: Es gibt Bambus-, Stehauf-Männchen- oder Lotus-Strategien, die aus 5, 7, 8 oder noch mehr Säulen, Schlüsseln, Faktoren oder Elementen bestehen. Und mittlerweile gibt es auch noch Konzepte für Teamresilienz und sogar eine ISO-Norm für Resilienz für Organisationen. Alles ziemlich unübersichtlich ...

Wir haben für dich die wichtigsten Forschungen und Bücher zum Thema gesichtet, sortiert und geprüft. In dieses Buch haben wir das aufgenommen, was einerseits wissenschaftlich gut belegt ist. Und was du andererseits in deinem beruflichen Alltag, aber auch bei deiner Karrieregestaltung leicht nutzen kannst.

Welche Bausteine haben wir dir für deine Resilienz mitgebracht?

Mit den Resilienzbausteinen, die wir dir zusammen mit den passenden Tools in diesem Buch anbieten, bist du gut gewappnet für die ständigen Veränderungen in deinem beruflichen (und privaten) Umfeld. Alle sieben Resilienzbausteine zusammen ergeben dann deinen Resilienzfaktor, der dich langfristig erfolgreich macht.

Manche Tools werden dir womöglich schnell zur lieben Gewohnheit. Andere nutzt du vielleicht nur gelegentlich, oder du lässt es ganz, weil es dir gerade nicht passend für dich erscheint. Das ist auch so gewollt. Es ist ein bisschen wie mit einem Besteckkasten: Ein Messer brauchst du täglich. Aber wenn du eine Suppe auslöffeln willst, ist es gut zu wissen, dass du auch noch eine Suppenkelle in der Schublade hast. Und bei einem Fischgericht könnten auch die Fischmesser einmal zum Einsatz kommen.

Wir werden dir dabei immer nur so viel Theorie wie nötig zumuten. Uns geht es ums Machen – wir wollen ganz praktische Hilfe anbieten bei den kleineren und größeren Herausforderungen des Lebens. Deshalb kombinieren wir jeden Baustein mit einfachen Tools, die dich sofort ins Tun bringen. Na, neugierig?

Wir haben uns bewusst entschieden, von Bausteinen zu sprechen – denn das heißt, du kannst immer wieder neu kombinieren, von manchem viel verbauen, anderes nur auf die Spitze setzen – wie es zu dir und deinem Leben passt.

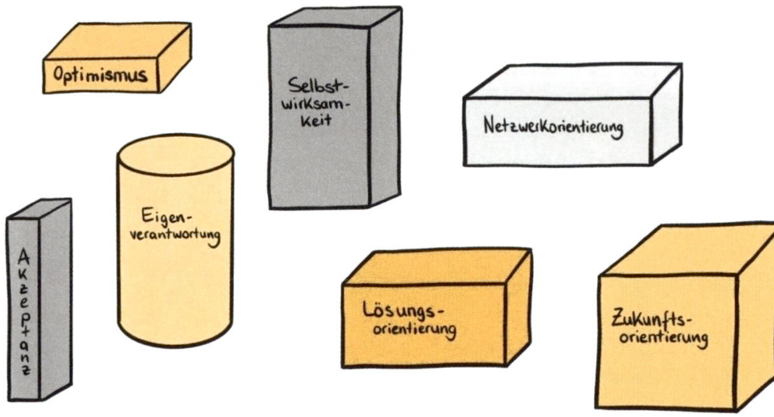

Sieben unterschiedliche Bausteine, die sich immer wieder neu zusammenbauen lassen

Und das funktioniert wirklich?

Dafür gibt es jetzt doch noch ein bisschen Theorie. Und zwar über unser faszinierendstes Organ: unser Gehirn. In diesem Gehirn stecken (grob vereinfacht) zwei Gehirne – und die schauen wir uns mal genauer an.

Da wäre einerseits unser (entwicklungsgeschichtlich älteres) »Reptilien«-Gehirn. Das ist großartig darin, unsere Körperfunktionen unbewusst zu steuern: Herzschlag und Atmung, Muskeln, Hunger und Verdauungssystem, unsere Hormone etc. All das können wir zwar bemerken, aber nicht willentlich ansteuern. Ob und wann wir Hunger bekommen, ob uns kalt ist oder wir anfangen zu schwitzen – das hätten wir zwar gern selbst im Griff, aber da hat dieser Part unseres Hirns durchaus seinen eigenen Kopf …

Und dann ist da unser vernunftbegabtes, denkendes, kluges Menschenhirn (das sitzt im neofrontalen Cortex – dieser Part unseres Hirns kann sich auch so schöne Fachbegriffe ausdenken). Damit können wir unsere Aufmerksamkeit lenken, wir können über etwas nachdenken, sind kreativ, lernen neues Wissen.

Wenn alles gut läuft, arbeiten die beiden – »Reptilien«-Gehirn und vernunftbegabtes, denkendes, kluges Menschenhirn – Hand in Hand. Das merken wir nicht mal – aber ein Großteil unseres Lebens funktioniert so. Zum Glück! Das ist sehr effizient, schont unsere Ressourcen und macht unser Leben leicht.

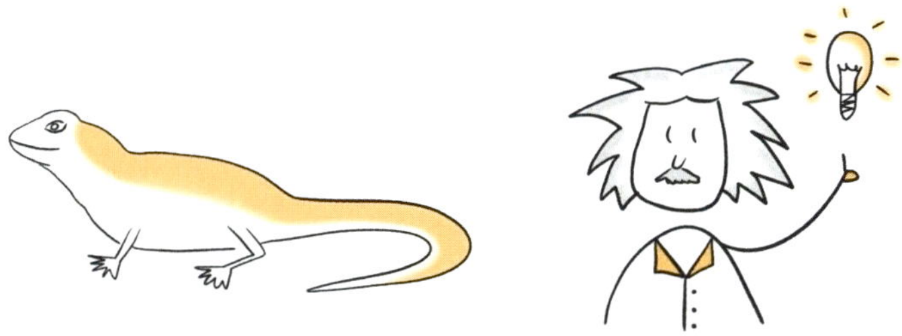

Allerdings sind sich die beiden nicht immer einig. Wenn Gefahr oder Stress droht, übernimmt unser Echsenanteil die Kontrolle und wird zu Godzilla. Und zwar in Sekundenschnelle. Denn unser Reptilienhirn ist schneller als unser denkendes Hirn. Immer! Das merken wir besonders dann, wenn wir uns erschrecken: Wir zucken zurück, noch bevor wir nachdenken konnten. Manchmal merken wir dann im Nachhinein: Ach, das war gar keine riesige Spinne, nur ein dunkler Fleck auf dem Boden. Da ist unser Puls aber schon mal bei 160.

Schuld daran ist die Amygdala, ein kleiner, aber sehr wichtiger Part in unserem Hirn. Bei Stress oder Krisen übernehmen diese sogenannten Mandelkerne das Steuer – und dann hat auch unser ach so kluger Verstand, der so reflektiert ist, keine Chance mehr.

Das hat auch durchaus seine Berechtigung. Wir stammen alle von Menschen ab, die vor dem Säbelzahntiger Reißaus genommen haben, ohne lange darüber nachzudenken, ob der wohl gefährlich ist (die anderen wurden gefressen). Und dass unser Hirn so auf Reize reagiert, ist erst mal gesund. Ja, wir brauchen ein gewisses Maß an Aufregung, Stress und Anspannung in unserem Leben. Das merken wir spätestens dann, wenn wir am dritten Tag am Strand anfangen, uns zu langweilen. Wir suchen manchmal sogar ganz bewusst diesen Kick – sei es im Kino oder beim Blind Date. Problematisch wird es nur, wenn unser ganzes Leben aus Stress und Anspannung besteht. Dann fährt unser hirneigenes Alarmsystem überhaupt nicht mehr runter – und das kann uns krank machen.

Die gute Nachricht ist: Unser Hirn kann lernen, mit Stress und Anspannung entspannter umzugehen, eben resilienter zu werden! Wir haben in diesem Buch viele Tools, die – häufiger angewendet – Spuren hinterlassen in unseren neuronalen Netzen. Und aus einem ersten Trampelpfad kann sogar eine dreispurige Autobahn werden. Egal wie alt wir sind, unser Hirn lernt immer noch dazu.

Die schlechte Nachricht: Lesen allein reicht leider nicht aus. Das wird dein Leben nicht verändern. Schon allein deshalb, weil das Reptilienhirn Sprache nicht versteht. Das erreichen wir nur über unseren Körper.

Deshalb werden wir dich in diesem Buch immer wieder dazu auffordern, mit den Händen zu arbeiten, Dinge zu notieren oder Körperübungen zu machen. Und ja, die Versuchung ist groß, über diese Stellen hinwegzublättern und einfach weiterzulesen. Denn diese Autobahn haben wir fast alle in unserem Hirn (»Das ist ein Buch, und ein Buch ist zum Lesen da!«). Aber wie gesagt, du hast am meisten davon, wenn du dein ganzes Hirn benutzt, um dein Leben so umzugestalten, dass es immer besser zu dir passt.

Du willst das ganze Potenzial dieses Buchs nutzen? Dann schließ doch hier kurz eine Vereinbarung mit dir selbst dazu ab. Die Methode aus der Motivationspsychologie, die wir hier nutzen, heißt WOOP. Du kannst diese Selbstregulationsstrategie immer dann nutzen, wenn du eines deiner Ziele ein bisschen verbindlicher verfolgen möchtest.[3] Nimm dir dafür ein paar Minuten Zeit.

Wish:

Wenn du daran denkst, dieses Buch zu lesen und dich mit den Themen »Resilienz« und »Karriere« zu beschäftigen: Was ist dein wichtigster Wunsch dabei?

____

____

Objective:

Wenn du mit dem Buch wirklich aktiv arbeitest, was wäre das schönste Ergebnis für dich? Wie würdest du dich dann fühlen? Stell es dir lebhaft und ganz konkret vor!

____

____

Obstacle:

Manchmal klappt etwas nicht so, wie wir das gerne hätten. Was in dir könnte dich davon abhalten, dir diesen Wunsch zu erfüllen? Welches innere Hindernis könnte dir dabei im Weg stehen? Male es dir lebhaft aus.

____

____

Plan:

Was könntest du tun, um dieses Hindernis zu überwinden? Notiere dir hier eine Handlung oder einen Gedanken, die dir helfen, das Hindernis zu überwinden.

Wenn (mein Hindernis) eintritt, werde ich

____

____

Zur Inspiration ein paar Beispiele für dich:

- Wenn ich merke, dass ich sofort weiterblättern will, halte ich kurz inne, denke eine Minute über die Aufgabe nach und schreibe einen Satz dazu auf.
- Wenn ich unbedingt weiterlesen will, dann notiere ich in meinem Kalender, wann ich die Impulse dazu bearbeiten will.
- Wenn ich das Gefühl habe, allein auf keine guten Gedanken zu kommen, schlage ich XY vor, das Programm miteinander zu machen.

Auf diesen Plan kannst du jederzeit zurückgreifen, wenn du merkst, dass du die Übungen doch wieder überblättern willst.

Unser Leben bleibt ein Versprechen

Nichts wird bleiben, wie es ist. Und das ist auch gut so. In den immer gleichen Routinen können wir uns nicht wirklich weiterentwickeln. Es sind Veränderungen, die uns wachrütteln, motivieren oder auch zum Handeln zwingen. Manchmal sind große Erschütterungen um uns herum die Auslöser, manchmal ein altersbedingter Wandel in unserem Inneren. Einmal machen wir einen Riesensatz nach vorne, ein anderes Mal ist es nur ein Minischritt. Wie auch immer: Die Veränderungen werden nicht aufhören, kleinere und größere Krisen werden kommen und gehen, garantiert. Aber wir können entscheiden, ob wir eingetretene Pfade verlassen und uns (gut ausgerüstet) auf unbekanntes Terrain vorwagen, um der Version von uns, die wir sein wollen, immer näher zu kommen. Kommst du mit?

Was du aus dem Kapitel Check-in mitnehmen kannst:

1. Unsere Welt ist im Wandel, eine Veränderung jagt die nächste. Viele Menschen fühlen sich dauerhaft gestresst oder überlastet. Deshalb ist es so wichtig, dass wir unser eigenes Wohlbefinden aktiv gestalten.

2. Was ist begehrt am Arbeitsmarkt? Gewissenhaftigkeit und Perfektion bringen uns nicht mehr weit(er), stattdessen sind Kompetenzen gefragt, die wir beim iterativen Arbeiten in Teams brauchen. Auch Selbstfürsorge gehört dazu.

3. Resilienz ist die Fähigkeit, gesund durch Krisen und Belastungen zu kommen. Das lässt sich aktiv üben. Mit den sieben Bausteinen, die du in diesem Buch kennenlernst, schaffst du dir eine starke Basis für dein tägliches Arbeitsleben.

4. Wenn du wirklich etwas verändern willst für dich, dann lies dieses Buch nicht in einem Rutsch durch. Mach dir stattdessen Notizen zu den Reflexionsübungen und probiere die Tools aus, die dich ansprechen und auf die du Lust hast. So nutzt du nicht nur deinen Verstand, sondern auch deine Intuition.

5. Es sind die Veränderungen im Leben, die uns weiterbringen. Unsere Tools werden dich so ausrüsten, dass sie dir durch jede Transformation helfen.

1

AKZEPTANZ

Starte mit dem, was da ist

In diesem Kapitel bekommst du den ersten Baustein für deinen Weg zu mehr Balance und Freude im Job: Akzeptanz. Klingt unspektakulär? Vielleicht sogar nach Aussitzen, nach Resignation und Stillstand? So ist das definitiv nicht gemeint. Akzeptanz ist eine wesentliche Voraussetzung, um Krisen zu bewältigen – und um Neues anzugehen. Du erfährst gleich, wieso. Außerdem kannst du hier schon die ersten Tools ausprobieren, die dir Lust auf mehr machen werden. Halte dafür am besten schon mal Papier und Stift bereit. Los geht's!

Carolin:
Es ist 7.15 Uhr, als ich gut gelaunt und entspannt den Tagungsraum betrete. Es ist der zweite Tag einer Führungskräftetagung, die ich moderiere. In einer Viertelstunde soll hier eine »Early-Bird-Session« beginnen, für die ich schon am Vorabend alles aufgebaut habe. Aber dort, wo gestern Abend noch Metaplanwände mit Fragen bestückt und Flipcharts mit Agenda und Aufgabenbeschreibung bereitstanden, ist nun – gähnende Leere. Nur die kahlen Wände starren mich an. Ein Anruf bei meiner Ansprechpartnerin vom Hotel macht mir schnell klar – hier ist nichts mehr zu machen. Die Reinigungskräfte hielten das für Überreste der gestrigen Veranstaltung und haben alles entsorgt.

Ich habe nur noch wenige Minuten, bis die ersten Teilnehmenden eintrudeln werden. Was soll ich tun?

a) *Mich furchtbar aufregen über das Reinigungspersonal: »Wie kann man nur so blöd sein!« Hilft mir nur leider nicht weiter ...*
b) *Mich über mich selbst ärgern: »Ich bin aber auch dämlich. Wieso habe ich nicht ›Bitte hängen lassen‹ dazu geschrieben!« Löst mein Problem auch nicht.*
c) *Mich als Opfer bemitleiden: »Das war ja klar, dass mir das passiert. Immer habe ich solches Pech ...« Verführerisch – nur nicht wirklich hilfreich ...*

Ich habe mich für d) entschieden: Akzeptieren, was ist. Und meinem Kunden und den Teilnehmenden ehrlich erklären, was passiert ist. Und dann? Habe ich mal wieder erfahren, wie hilfsbereit andere sind, wenn wir offen bekennen, dass etwas gerade schiefgelaufen ist. Schnell greifen die anderen beherzt zu Stiften und Zetteln, schreiben die Überschriften mit mir neu auf, pinnen Moderationswolken an, organisieren Flipchart-Papier – und so ist diese Early-Bird-Session trotz Fehlstart doch noch ein wunderbares Teamerlebnis geworden.

Kein Ponyhof – nirgends

Unser Leben ist nicht immer Sonnenschein, Vanilleeis und Badewetter. Wir erleben ständig kleine und größere Krisen. Manche haben wir am nächsten Tag schon wieder vergessen – wie die Tomatensoße auf der weißen Bluse beim Mittagessen. Andere begleiten uns Tage oder Wochen. Das kann ein zusätzliches Projekt sein, das unser Chef uns aufgebrummt hat und für das wir nun jeden Tag zwei Stunden länger arbeiten, um überhaupt das Wichtigste zu schaffen. Oder unsere Oma liegt im Krankenhaus, und wir versuchen, sie regelmäßig zu besuchen und parallel eine Kurzzeitpflege zu organisieren.

Doch auch ohne Zusatzprojekt oder Krankheitsfall erleben wir unseren Alltag oft als stressig und krisenhaft. Damit sind wir nicht allein. Personalmangel und Arbeitsverdichtung sorgen branchenübergreifend dafür, dass unsere Jobs anstrengender und hektischer werden. Und als wäre das nicht genug, setzen wir uns auch in unserem Privatleben unter Druck: Wir wollen eine gute Beziehung führen und unsere Freundschaften pflegen. Wir legen Wert auf Fitness und

Was ich denke, wer oft gestresst ist

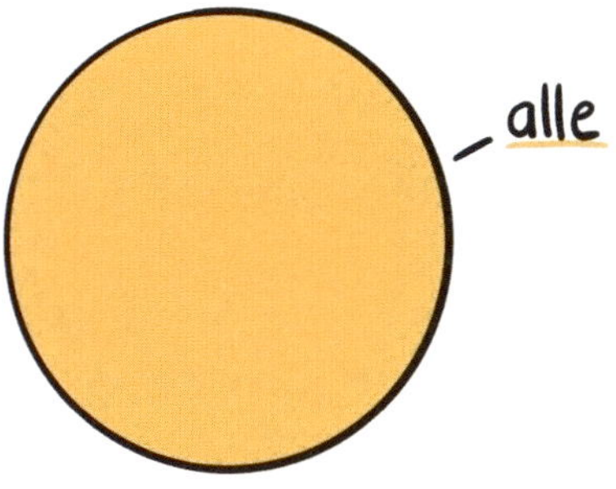

Wer wirklich oft gestresst ist

Sport und wollen uns gesund ernähren. Und dabei sind wir ständig online, posten, liken, setzen uns in Szene, wollen nichts verpassen – und vergleichen unbewusst, wie cool, souverän und relaxt die anderen wirken, im Gegensatz zu uns.

Shit happens oder: Wieso Akzeptanz unser erster Baustein ist

Wenn Krisen und Stress zu unserem Alltag gehören, brauchen wir dringend eine gute Strategie, wie wir damit umgehen können. Und da kommt die Akzeptanz ins Spiel. Die Situation akzeptieren heißt nicht, dass wir uns mit allem abfinden sollen – nach dem Motto: Mein Leben ist halt Mist. Ich habe halt immer Pech. Darum geht es nicht! Denn dann würden wir uns nur in der (bequemen) Opferrolle einrichten.

Worum geht es dann? Schwierige Situationen, Stress im Job oder in der Beziehung, das kostet uns sowieso schon viel Kraft und Energie. Wir sollten dann nicht den Fehler machen, uns noch mehr Kraft zu rauben. Denn das tun wir häufig: Wir hadern mit der Vergangenheit. Wir machen uns selbst Vorwürfe. Wir fragen uns, was gewesen wäre, wenn wir anders gehandelt, uns anders entschieden hätten. Wir stecken mittendrin im Gedankenstrudel.

Oft haben wir uns nämlich angewöhnt, auf eine bestimmte Weise auf Krisen zu reagieren. Und wenn unser Hirn gestresst ist, greift es gern auf (scheinbar) bewährte Strategien zurück.

Einladung zur Selbstreflexion:

Wie reagierst du bisher auf Krisen? Erinnere dich an ein Erlebnis in der letzten Zeit, das schiefgelaufen ist. Das muss nichts Großes sein – vielleicht hast du einen Bus verpasst und bist zu spät zu einem Termin gekommen? Oder du hast deinen Schirm im Café liegen gelassen? Ist dir etwas eingefallen? Was denkst du in solchen Momenten über dich? Was sagst du zu dir?

Wie könntest du stattdessen reagieren? Was würdest du einer Freundin raten? Was würde jemand tun, den du grundsätzlich cool, inspirierend oder beneidenswert findest?

Wir fühlen, was wir denken

Du hast jetzt ein erstes Reaktionsmuster gefunden – wunderbar. Um unsere Reaktionsmuster Schritt für Schritt ändern zu können, helfen uns ein paar kluge Gedanken, die zeigen: Das Thema beschäftigt die Menschheit schon länger. So soll bereits der griechische Philosoph Epiktet gesagt haben: »Nicht die Dinge selbst, sondern nur unsere Vorstellungen darüber machen uns glücklich oder unglücklich.«

Kluge Gedanken dazu machte sich auch Magda Arnold, eine tschechisch-amerikanische Psychologin. Sie entwickelte in den 60er-Jahren des 20. Jahrhunderts die Emotionstheorie. Darin erklärt sie, dass zwischen einem Reiz und der emotionalen Reaktion eine Bewertung liegt. Die Bewertung ist es, die die Emotion erzeugt, nicht der Reiz selbst.[1] Die Frage, die sich unser Hirn dabei stellt, ist immer: Ist das gerade bedrohlich für mich? Und schaffe ich es, das zu bewältigen?

Es ist nicht egal, ob wir den Bären im Wald oder im Zoo sehen …

Bei Gefahren wartet unser Hirn allerdings nicht darauf, was wir »denken«. Das hat der Nobelpreisträger Daniel Kahneman in seinem Buch »Schnelles Denken, langsames Denken« wunderbar auf den Punkt gebracht. Sind wir akut bedroht, übernimmt das »schnelle Denken« – das sorgt dafür, dass die Amygdala in unserem Kopf Alarm schlägt und wir reagieren, bevor der Reiz überhaupt unser Bewusstsein erreicht hat. Wir zucken zurück, wenn wir im Gras etwas sehen, das wie eine Schlange aussieht. Erst danach schauen wir genauer hin und sehen, dass es doch nur ein Stock war. Im Zoo vor dem Bärengehege weiß unser Hirn natürlich, dass keine Gefahr droht, also bleibt auch die Amygdala tiefenentspannt.

Nach dem ersten Urteil unseres Hirns, das unbewusst entsteht, können wir mit langsamem Denken unsere Bewertung überprüfen. Und wenn sich unsere Einschätzung ändert, ändert sich auch die Emotion (vor dem Stock haben wir keine Angst mehr). Das ist wichtig – denn so können wir unsere Emotionen regulieren.

Schauen wir uns ein Alltags-**Beispiel** an: Theresa *(alle Namen haben wir geändert)* ist beruflich in München und will mit dem Zug um 16.55 Uhr nach Berlin zurückfahren. Die Fahrkarte hat sie schon Wochen vorher gekauft. Als sie am Bahnhof ankommt, sucht sie auf der Anzeigentafel nach ihrem Zug. Der steht dort aber nicht. Am

Schalter erklärt ihr der nette Herr von der Bahn, dass sich der Fahrplan geändert habe, der Zug sei heute schon früher gefahren.

Ihr Zug ist also weg – das ist der »Reiz«. Die erste, unbewusste Reaktion: Verwirrung. Welche Emotion folgt darauf? Das kommt sehr darauf an, was sie nun über diesen Reiz denkt!

Das ist ja wohl das Letzte! Unverschämtheit!

Warum bin ich nicht früher zum Bahnhof gefahren?

Oh, da kann ich ja noch einen Kaffee in der Sonne trinken!

Das Prinzip dahinter ist immer das gleiche: Wir nehmen im Außen einen Reiz wahr und bewerten diesen Reiz. Ist er bedrohlich für uns? Können wir ihn bewältigen? Und erst danach entscheidet sich, wie wir reagieren. Das sehen wir im Alltag ständig. Wie reagierst du auf einen Hund, der auf dich zuläuft? Bist du mit Hunden aufgewachsen oder hast selbst einen, bist du vermutlich viel entspannter als jemand, der schon einmal von einem Hund gebissen wurde.

Auch im Job können wir das beobachten. Ihr bekommt als Team eine neue Software – und während sich die eine Kollegin sofort für die Pilotgruppe meldet, sich in der Pause schon Tutorials ansieht und sich über die neuen Funktionen freut, ist der andere Kollege total gestresst und steht dem Thema sehr ablehnend gegenüber. Der Reiz ist der gleiche – die Bewertung und damit auch die Emotion sind aber sehr verschieden.

Wenn wir also unsere Bewertung ändern, ändert sich unsere Emotion? Das mag bei einem verpassten Zug gehen, vielleicht auch bei einer neuen Software. Aber was ist mit wirklich großen Krisen?

Einschneidenden Erlebnissen? Auch da gilt: Wer es schafft, der Krise einen Sinn abzugewinnen, der schaut mit weniger Bitterkeit darauf. Ein beeindruckendes Beispiel ist hier der Psychologe Viktor Frankl, der ein Buch über seine Zeit im Konzentrationslager geschrieben hat. Er erzählt darin sehr eindrucksvoll, dass er sich schon im KZ überlegt hat, wie er über diese Erfahrungen Vorlesungen halten wird. Ein Zitat, das ihm oft zugeschrieben wird, bringt es auf den Punkt:

> ***»Zwischen Reiz und Reaktion liegt ein Raum. In diesem Raum liegt unsere Macht zur Wahl unserer Reaktion. In unserer Reaktion liegen unsere Entwicklung und unsere Freiheit.«***

Was können wir ändern, was nicht?

Du bist noch skeptisch? Es stimmt, unsere erste, von unserem Unbewussten gesteuerte Reaktion können wir (kurzfristig) nicht ändern – dafür braucht es Training. Wenn wir von einem Reiz, zum Beispiel dem Anblick einer Spinne, immer Herzklopfen und schweißnasse Hände bekommen, können wir uns tatsächlich diese Reaktion abtrainieren, indem wir uns immer wieder mit dem Reiz konfrontieren. (Ob wir das wollen, ist eine andere Frage.)

Belastend für unsere Psyche sind aber nicht so sehr diese unmittelbaren Reaktionen. Wenn wir kurz vor dem wichtigen Termin aufgeregt sind, uns zehn Minuten über unseren Chef ärgern oder abends beim Thriller Herzklopfen haben, ist das völlig normal und kein Problem. Für unsere mentale (und körperliche) Gesundheit ist es viel kritischer, wenn wir kontinuierlich gestresst sind, uns ständig im Krisenmodus fühlen.

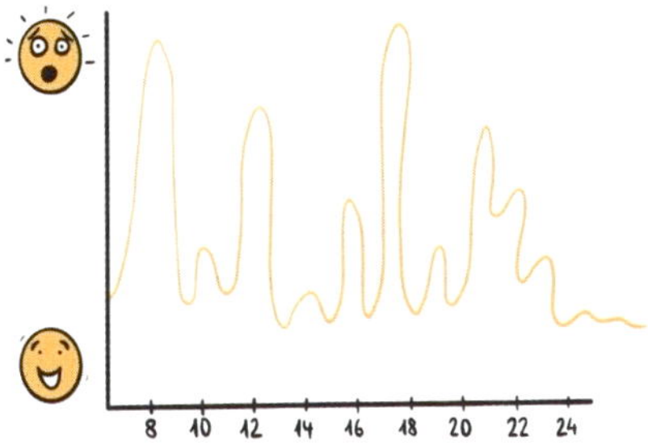

Normaler Stressverlauf

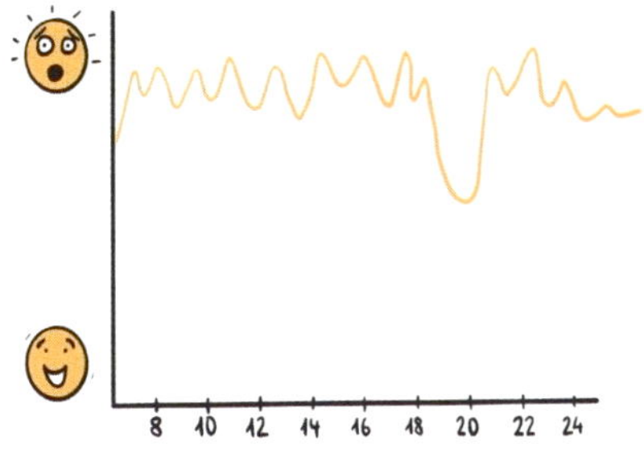

Ungesunder Stressverlauf

Wie können wir unsere Emotionen also sinnvoll regulieren? Hier hilft uns Akzeptanz.

Carolin:
Vor einigen Jahren ist mir ein Workshop ziemlich missglückt. Ich war von meinem Konzept für den Tag überzeugt, hatte aber die Teilnehmenden und ihre Bedürfnisse völlig falsch eingeschätzt. Am Ende bin ich frustriert, enttäuscht und voller Selbstzweifel nach Hause gefahren. Ich habe lange an diesem Erlebnis geknabbert, weil ich immer wieder darüber nachgedacht habe, was ich hätte anders machen sollen. Ich fand einfach keinen Abschluss für mich. Erst nach einigen Wochen konnte ich über das Erlebte anders denken: nicht mehr als Scheitern, sondern als wertvolle Lernerfahrung.

Einladung zur Selbstreflexion:

Kommt dir das bekannt vor? Hast du auch Erlebnisse, Situationen, die du im Geist immer wieder durchgehst? Wann und wie findest du bisher den Ausgang aus diesen Gedankenspiralen? Hast du eine Strategie? Direkt im Moment? Oder später? Notiere hier einfach erste Gedanken dazu, die dir durch den Kopf gehen:

Es ist wichtig, dass wir unsere eigenen Muster erkennen. Erst dann können wir sie bewusst ändern. Am Ende des Kapitels wirst du mehrere Strategien dazu kennengelernt haben. Probiere sie aus und schau, was zu dir passt.

Ist die Vergangenheit vergangen?

Es klingt wie eine Binsenweisheit: Die Vergangenheit ist vergangen. Wir können sie nicht mehr ändern. Auch nicht, indem wir das Vergangene gedanklich immer wieder durchkauen wie ein hart gewordenes Kaugummi. Akzeptieren, was geschehen ist. Und dass die Situation heute deshalb so ist, wie sie ist – darum geht es. Nur ist das gar nicht so leicht.

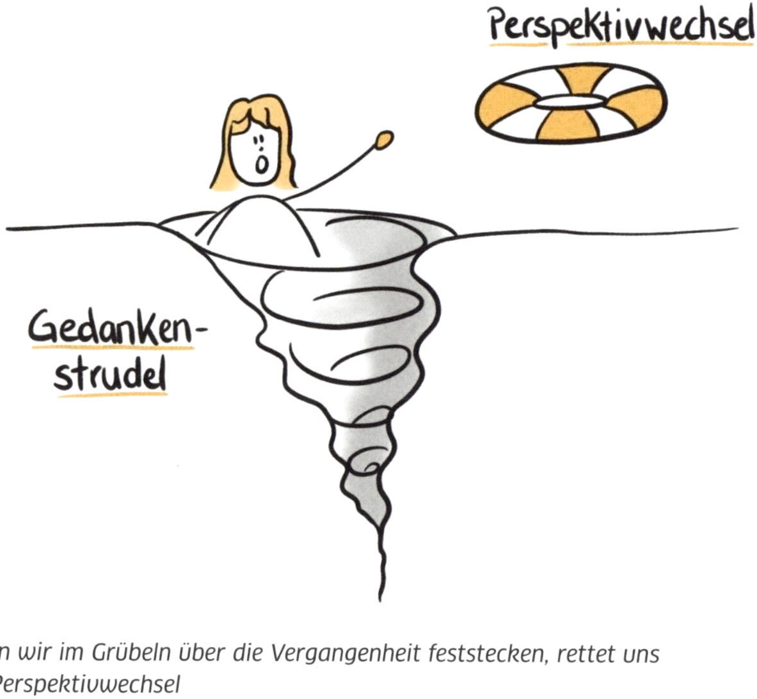

Wenn wir im Grübeln über die Vergangenheit feststecken, rettet uns ein Perspektivwechsel

Was hilft, wenn wir mit unserer Vergangenheit hadern, etwas bereuen? Wir können uns klarmachen: Auch wenn wir das Geschehene objektiv nicht mehr ändern können, haben wir es in der Hand, wie wir darüber denken (und damit auch, was wir dazu fühlen). Und bei der (Neu-)Bewertung dürfen wir immer so nachsichtig mit uns sein, wie wir das mit einer lieben Freundin oder einem lieben Freund wären. Wir haben getan oder gesagt, was uns in diesem Moment möglich war, was uns sinnvoll erschien. Wir hatten nicht das Wissen von heute. Deshalb dürfen wir uns verzeihen und uns mit unserer Vergangenheit aussöhnen, auch wenn wir heute anders handeln würden.

Tool: ***Circle of Influence – Klarheit im Kreis***

Auch in unserer Gegenwart, also im Hier und Jetzt, gibt es vieles, was uns beschäftigt, worüber wir uns Sorgen machen. Manches können wir kontrollieren. Auf einiges haben wir zumindest etwas Einfluss, anderes liegt nicht in unserer Hand. Dasselbe gilt für die Zukunft: Wird im Urlaub die Sonne scheinen, oder wird es eher kalt und regnerisch? Das können wir nicht beeinflussen (na gut, es macht einen Unterschied, ob wir Schottland oder Spanien buchen).
Akzeptieren sollten wir immer das, worauf wir überhaupt keinen Einfluss haben. Denn damit zu hadern kostet Energie, bringt uns aber nicht weiter. Es ist also sinnvoll, hier sorgfältig zu unterscheiden. Was können wir beeinflussen und was nicht? Dazu gibt es ein wunderbares Werkzeug von Stephen Covey – den Circle of Influence aus seinem Buch »Die 7 Wege zur Effektivität«.
Der Circle of Influence besteht aus drei übereinanderliegenden Kreisen. Im inneren Kreis befindet sich alles, **was ich kontrollieren kann**. Dazu gehört das eigene Verhalten: Wann fange ich an, die Präsentation zu erstellen? 3 Tage, 3 Stunden oder 30 Minuten vor dem Termin? Was esse ich? Wann gehe ich schlafen? Wie oft schaue ich auf mein Handy? Gehe ich zum Sport, oder bleibe ich auf der Couch? Nehme ich den Job an oder nicht? Kündige ich? Die eigenen Gedanken gehören auch dazu. Was sage ich zu mir? Wie rede ich mit mir? In welchem Tonfall?

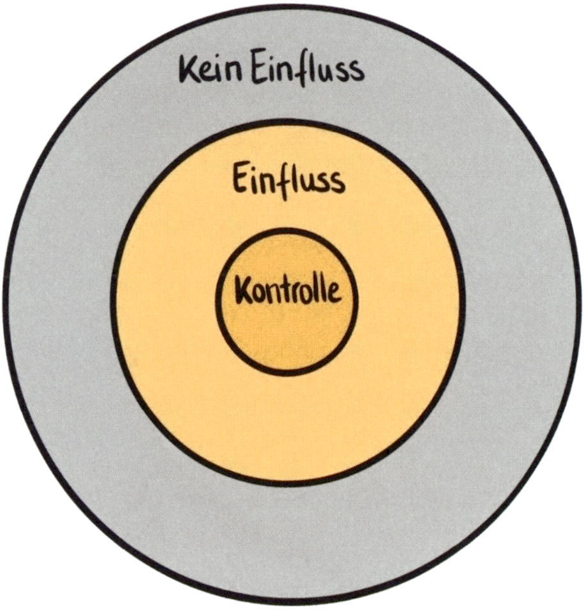

Im mittleren Kreis befindet sich alles, **was uns beschäftigt, was wir** zwar nicht kontrollieren, wohl aber **beeinflussen können**. Wie andere Menschen agieren, was sie tun – das können wir nicht kontrollieren (kontrollieren meint hier, dass wir es exakt bestimmen können, nicht, ob wir es nachprüfen können). Wir können natürlich versuchen, andere zu beeinflussen. Gebe ich meiner Tochter einen schon geschnittenen Apfel mit in die Schule, ist das ein solcher Einfluss. Ob sie ihn dann tatsächlich isst (oder gegen einen Schokoriegel eintauscht), habe ich nicht in der Hand.

Wir unterschätzen häufig, welchen Einfluss wir auf Dinge, Ereignisse, Situationen nehmen können. Dabei können wir direkt Einfluss nehmen durch eigenes Handeln, aber auch indirekt andere Menschen animieren, etwas zu tun. Und wir können immer unsere eigene Einstellung ändern.

Der letzte Kreis ist all dem vorbehalten, **was uns Sorge bereitet** oder uns beschäftigt, **worauf wir aber wirklich keinerlei Einfluss haben**. Wird es am Tag der Gartenparty regnen? Schlagen die Medikamente an, die unser Opa bekommt? Wird ein anderes Virus künftig erneut eine Pandemie auslösen?

Klarheit gewinnen – selbst gestalten

Mit dem Circle of Influence können wir uns sortieren: Was beschäftigt mich aktuell? Das können berufliche Aufgaben oder Herausforderungen sein, aber natürlich auch private Themen. Alles, was uns gerade Energie raubt, was uns stresst, belastet, können wir danach sortieren: Kann ich es kontrollieren? Habe ich darauf Einfluss? Oder auch nicht?

Probier es direkt mal aus – der Einfachheit halber nicht als Kreis, sondern in drei Spalten. Trag zunächst einmal alles in der linken Spalte ein, was du selbst kontrollierst. In die mittlere Spalte schreibst du alles, was du zwar nicht kontrollieren, aber beeinflussen kannst. Danach notierst du in der rechten Spalte alles, worauf du keinen Einfluss hast.

Kann ich kontrollieren	**Kann ich beeinflussen**	**Kann ich nicht beeinflussen**

Nun geh die Liste in der rechten Spalte noch einmal durch. Kannst du hier noch etwas nach links verschieben? Kannst du zum Beispiel beeinflussen:

- Wie du gewöhnlich darauf reagierst?
- Wie häufig du dich mit dem Thema befasst?
- Wann und wo du darüber nachdenkst?
- Mit wem du dich dazu austauschst?
- Wie du generell über dieses Thema denkst?

Wenn du hier einen Punkt findest, an dem du ansetzen kannst, notiere dir das gleich in die linke oder mittlere Spalte dazu.
Wenn du regelmäßig mit dieser Tabelle arbeitest, stärkst du dein Bewusstsein dafür, wo du etwas ändern kannst – und wo dir Akzeptanz hilft, um nicht in Grübelschleifen, Bedauern oder Selbstvorwürfen stecken zu bleiben.
Und nach einiger Zeit wird dein mittlerer Einfluss-Kreis immer größer und sieht dann vielleicht so aus:

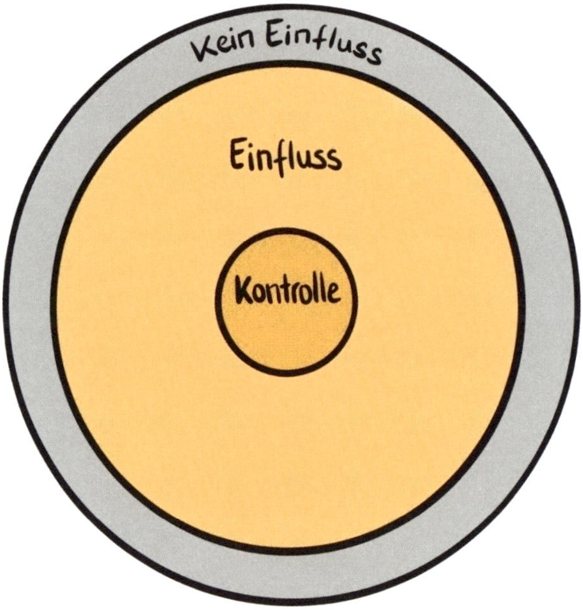

Carolin:
Ich gehe gern an einem Kanal in der Nähe spazieren. Oft ärgere ich mich allerdings, dass dort viel Müll in Gras und Gebüsch liegt – alte Flaschen, Tüten, Zigarettenschachteln. Nun habe ich beschlossen, mich nicht mehr zu ärgern. Stattdessen nehme ich eine Müllgreifzange und eine Tüte mit und sammele beim Gehen ein bisschen Müll auf. Ich kann nicht ändern, dass andere dort einfach etwas wegwerfen. Aber ich kann etwas dafür tun, dass es dort nicht liegen bleibt.

Wer macht eigentlich unsere Karriere?

Es gibt einen Lebensbereich, in dem sich auffallend viele Menschen machtlos fühlen. Will heißen, sie fühlen sich nicht in der Lage, positiv Einfluss zu nehmen. Und zwar auf ihren Job. Sei es, weil die eigene Führungskraft (oder sogar die ganze -riege) als wahlweise narzisstisch, rückgratlos oder inkompetent erlebt wird. Sei es, weil man sich mittlerweile völlig ausgebrannt fühlt und begreift, dass die Arbeitsbelastung auch in Zukunft nicht abnehmen wird. Oder weil man keine attraktive Perspektive geboten bekommt.

Kurze **Zwischenfrage** an dich: Wenn du an deine eigene Karriere denkst – wo würdest du sie im Circle of Influence einzeichnen? Kannst du vieles in deinem Job kontrollieren? Oder bleibt dir nicht viel anderes übrig, als die für dich eher unangenehmen Bedingungen zu akzeptieren? Wie viele deiner Eintragungen in der Tabelle beziehen sich auf deinen Job? Wenn du magst, knicke eine Ecke der Seite mit der Tabelle um und schau beim weiteren Lesen immer wieder zurück: Verändert sich etwas in deinem Empfinden, wie viel Einfluss du nehmen kannst? Rutschen manche Punkte von der rechten in die mittlere Spalte?

So oder so: Ein »Da kann ich nichts machen« ist recht hilflos und passiv, aber doch so verbreitet, dass die häufigsten Automatismen immer wieder greifen. Menschen

- erklären dann jedem ausführlich, wie unmöglich die Kolleg:innen und der Laden sind, die einem da zugemutet werden,

- schieben nur noch Dienst nach Vorschrift oder
- kündigen innerlich.

Seit 2001 untersucht die Unternehmensberatung Gallup mit ihrem Engagement Index[2], wie zufrieden Arbeitnehmende sind. Die Ergebnisse variierten in diesen gut 20 Jahren nur gering: Lediglich rund 15 Prozent mögen ihren Job richtig gerne und engagieren sich mit Leidenschaft, etwa 70 Prozent leisten so viel Arbeit wie nötig (»Dienst nach Vorschrift«), und rund 15 Prozent haben bereits innerlich gekündigt.

So viel Energie, Kreativität, Leidenschaft und Ideenreichtum, die da verpuffen! Und das in Zeiten, wo wir doch alle mehr oder weniger auf der Suche nach Sinn und Freude in unserem beruflichen Schaffen sind. Wo lauter Kurse, Bücher, Tutorials etc. auf den Markt kommen, die uns das Finden unserer Berufung versprechen und damit mehr Glück und Zufriedenheit. Nachdem sich die Lage auf dem Arbeitsmarkt zuletzt für Arbeitnehmende verbessert hat (und dies auch in den nächsten Jahren weiter tun wird), gibt es einen neuen, immer häufiger gewählten Weg: Kündigen und etwas Besseres suchen. Auch hier hat Gallup inzwischen nachgefragt: Nur noch 55 Prozent der Befragten planen, in einem Jahr beim gleichen Arbeitgeber zu sein. Die anderen sind also quasi auf dem Sprung.

Wunsch:
Mit meinem Beruf leiste ich einen wertvollen Beitrag für die Gesellschaft.

Wirklichkeit:
Jetzt hat der schon wieder meine Idee als seine verkauft! Mir reicht's!

Ines:

Ich bemerke die Wechselwilligkeit natürlich auch in meinen Karriere-Coachings. Anfangs habe ich mich gefreut, dass offenbar immer mehr Menschen aktiv werden und unhaltbare Verhältnisse verlassen – nur so werden wir diese Verhältnisse ändern! Mal ganz abgesehen davon, dass ich damit auch mein Geld verdiene.

Allerdings bemerke ich auch, dass das Glück an den neuen Arbeitsstätten auf sich warten lässt. Durch meine Verlagsvergangenheit arbeite ich viel mit Medienleuten zusammen, die nach der vierten Umstrukturierung im Konzern, jedes Mal einhergehend mit einer Verkleinerung des Teams, die Schnauze voll haben und wechseln wollen. Am besten in den Mittelstand, da sind die Abstimmungswege kürzer und die Hierarchien flacher – was bestimmt mit mehr Gestaltungsspielraum verbunden ist. Und dann müssen sie in ihrem neuen Job feststellen, dass da zwar vieles anders, aber nicht unbedingt besser ist. Womöglich fordert jetzt der eher konservative Inhaber ständig neue Ideen, nur um dann jeden Ansatz in Bausch und Bogen zu verreißen. Auch kein Spaß.

Hier durfte ich viel lernen. Heute beginnen wir die Bestandsaufnahme im Coaching mit einer grundsätzlicheren Analyse des aktuellen Jobs. Was ist gut an meiner jetzigen Situation? Was wünsche ich mir konkret anders? Wovon will ich weniger? Und wovon definitiv mehr in meinem Job und/oder Leben? Nicht selten lassen sich dann doch Hebel finden, die – bei richtiger Bedienung – den aktuellen Job wieder attraktiver machen.

Das willst du auch? Gleich liefern wir ein Tool dazu; zuvor aber noch ein wichtiger Gedanke zu den Rahmenbedingungen, mit denen alle Unternehmen heutzutage irgendwie zurechtkommen müssen.

Für viele (noch) gewöhnungsbedürftig: VUKA wird bleiben

Auch beim Umgang mit unserer beruflichen Zukunft hilft uns Akzeptanz weiter. Ja, im Augenblick können viele von uns leichter ihren Job wechseln. Aber mit jedem Wechsel gehen wir auch das Risiko ein, einen Teil unseres bestehenden Netzwerks zu verlieren, mit falschen Versprechen geködert zu werden und am Ende enttäuscht zu sein. Nicht falsch verstehen, dies ist kein Plädoyer fürs Festhalten um jeden Preis. Sondern eine Aufforderung, sich erst mal die Realität genauer anzuschauen.

Und das ist wichtiger denn je – denn unsere Realität ändert sich ständig. Unsere Arbeitswelt ist VUKA geworden. VUKA ist ein Kurzwort, das sich aus den Anfangsbuchstaben der Begriffe Volatilität, Unsicherheit, Komplexität und Ambiguität zusammensetzt.

VUKA-Begriff	Bedeutung
V = Volatilität	Alles schwankt immer intensiver: Preise, Kurse, Zinsen. Das führt zu den ständigen Veränderungen im Marktumfeld, auf die wir reagieren müssen.
U = Unsicherheit	Wir können immer weniger vorhersagen, wie sich die Zukunft entwickelt. Damit wird eine solide Grundlage für unsere Entscheidungen unzuverlässiger.
K = Komplexität	Wir bewegen uns in Systemen mit zunehmend unbekannten Komponenten, die sich gegenseitig beeinflussen. Diese Systeme können wir nicht mehr bis ins Letzte verstehen. Trotzdem müssen wir Entscheidungen treffen und aktiv werden, sonst sind wir zu spät dran.
A = Ambiguität	Faktenlagen sind immer häufiger mehrdeutig, was Falschinterpretationen und ungünstige Entscheidungen wahrscheinlicher macht. Dafür wird eine gute Fehlerkultur immer wichtiger.

VUKA heißt auf den Punkt gebracht: Es wird so unsicher und unvorhersehbar weitergehen, wie wir es gerade erleben. Darüber können wir uns aufregen, durchaus zu Recht. VUKA hat unser Arbeitstempo verschärft, die Komplexität auf allen Ebenen erhöht und das ganze Leben stressiger gemacht. Aber sich darüber aufzuregen wird es nicht ändern.

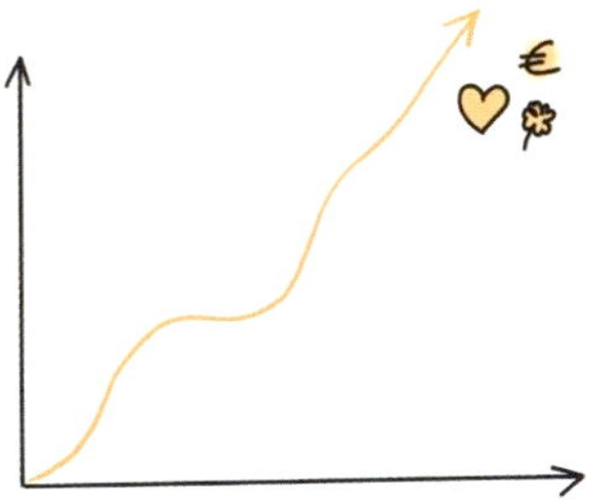

Meine Pläne

Wie es wirklich läuft

Stattdessen hilft uns auch hier: Akzeptanz. VUKA wird unsere Arbeitswelt weiter kräftig aufmischen, auch wenn wir den Job oder den Arbeitgeber wechseln. Wir sollten also gut mit unseren Kräften haushalten, damit wir nicht zu schnell außer Puste geraten. Und wir können bewusst unsere Fähigkeiten trainieren, die uns im Umgang mit VUKA unterstützen. Das schafft uns Kapazitäten, um die Chancen zu nutzen, die in VUKA stecken. Denn die gibt es:

- Durch die Digitalisierung verschwinden manche Jobs von der Bildfläche, es entstehen aber auch interessante **neue Berufe** mit anderen Qualifikationsprofilen.
- Die anfallende Arbeit ist immer weniger deckungsgleich mit den uns bekannten, klar umrissenen beruflichen Profilen. Folglich werden wir in Zukunft unsere **Berufsbezeichnungen und -profile** immer mehr **selbst entwickeln**. Das bedeutet mehr **Gestaltungsspielraum** für uns.
- Damit gibt es immer weniger »Normalbiografien«, und Unternehmen suchen verstärkt **projektbezogen Mitarbeitende** mit zeitlich befristeten Arbeitsverträgen – so bleibt das **Job-Angebot groß**.

- Das Veränderungstempo hat weiter zugelegt, sodass viele das Gefühl haben: Mehr geht bei mir nicht! Das Thema **Selbstfürsorge gewinnt an Bedeutung** – und immer mehr Menschen achten auch besser auf sich. Bei den Unternehmen ist das Bewusstsein dafür ebenfalls gewachsen (zugegeben: ziemlich verzögert, aber immerhin).
- Digitale Infrastrukturen ermöglichen **flexible Arbeitszeiten und Arbeitsorte**, die Mobilität nimmt zu, und Unternehmen gehen vermehrt auf die individuellen Wünsche ihrer Mitarbeitenden ein.
- Unser Anspruch an die Arbeit steigt: Früher wurde überwiegend gearbeitet, um zu leben, für das Glück war das Private zuständig. Heute wollen viele von uns auch in der Arbeit eine Art von Glück erleben, indem wir etwas in unseren Augen **Sinnvolles tun**.

Diese Liste ist sicher nicht vollständig, aber sie bietet uns schon mal gute Ansätze für eine Bestandsaufnahme. Wir wollen sehen, was gerade gut an unserer Arbeitssituation ist und was wir verändern wollen.

Oft können wir sehr ausführlich beschreiben, was wir auf keinen Fall mehr haben wollen und was andere gar nicht gut machen. Aber wie sähe dein ideales Berufsprofil eigentlich aus? Welche Stärken bringst du mit? Und was erlebst du als sinnvolle Tätigkeit? Während der eine dabei vielleicht vorrangig die Unterstützung anderer Menschen im Kopf hat, mag die andere erst mal daran denken, die Bilanzen so weit in den Griff zu bekommen, dass sie mehr Arbeitsplätze und weitere Entwicklungen ermöglichen. Finden wir also heraus, was du brauchst, um zufrieden in deinem Job zu sein.

»Erfolg heißt, sich selbst zu mögen, zu mögen, was man tut, und zu mögen, wie man es tut.«

Maya Angelou

Job Crafting: Mehr rausholen aus dem, was da ist

Ziel ist nicht, dein ganzes Leben umzukrempeln. Möglicherweise liegt die Lösung auch darin, ein paar unliebsame Aktivitäten in deinem jetzigen Job zu reduzieren und dafür ein paar anderen, die dich besonders interessieren oder dir Spaß machen, mehr Raum zu geben. Dieses Konzept nennt sich Job Crafting und stammt aus der positiven Organisationspsychologie (»crafting« bedeutet im Deutschen so viel wie basteln, gestalten).

Im Kern der von Amy Wrzesniewski und Jane E. Dutton mitentwickelten Methode geht es darum, als Individuum selbst kleinere Anpassungen am eigenen Job vorzunehmen, die den eigenen Neigungen und Stärken entgegenkommen und so zu mehr Jobzufriedenheit führen.[3] Die beiden Forscherinnen haben 2001 beschrieben, was wir heute alle spüren: Von außen lassen wir uns eher schlecht zu etwas motivieren. Auch ein noch so stattliches Gehalt ist es uns auf Dauer nicht wert, Aufgaben zu übernehmen, die uns keinerlei Freude bereiten. Wenn wir stattdessen unsere Stärken zumindest in Teilen unseres Jobs leben und weiterentwickeln können, dann steigt unsere Motivation. Interessanterweise sinkt gleichzeitig unser Stresslevel.[4]

Sehen wir uns also an, womit du deine Zeit im Job verbringst und welche kleineren Veränderungen dich auf die Schnelle motivieren könnten. Dieses tolle Tool verdanken wir Filiz Louise Kaçmaz, Robert Kötter und Marius Kursawe und ihrem Buch »Work Life Romance«.

Tool: ***Job Crafting***

Beginnen wir mit einem Blick auf deine aktuellen Tätigkeiten. Mit welchen Aufgaben verbringst du eine typische Arbeitswoche? Sammle Tätigkeiten wie

- Meetings
- Mails beantworten
- Projektarbeit XY
- Akquise
- Weiterbildung
- Schreiben
- Konzepte entwickeln
- Mitarbeitergespräche führen
- Beschwerden bearbeiten
- Seminare geben
- Angebote einholen
- Social-Media-Aktivitäten
- ...

Notiere dann die wichtigsten davon auf Post-its (weil sie am meisten Zeit einnehmen, dir am liebsten sind, dir leicht von der Hand gehen oder einfach von dir erwartet werden).
Jetzt nimmst du ein großes Blatt Papier zur Hand, idealerweise ein Flipchart-Papier oder mindestens eines in Größe DIN A3 (klebe dafür gerne zwei DIN-A4-Blätter zusammen), und zeichnest ein Koordinatensystem ein. Die waagerechte Achse steht für die Zeit, die dich deine Aufgaben kosten (links landen die eher schnellen Jobs, rechts die mit höherem Zeitaufwand). Die senkrechte Achse bezieht sich auf dein Energielevel: Macht dir eine Aufgabe Spaß, wird sie dir eher Energie geben. Oder kostet sie dich viel Überwindung? Dann zieht sie dir wahrscheinlich mehr Energie ab. Klebe nun deine Aufgaben an die entsprechenden Stellen im Koordinatensystem:

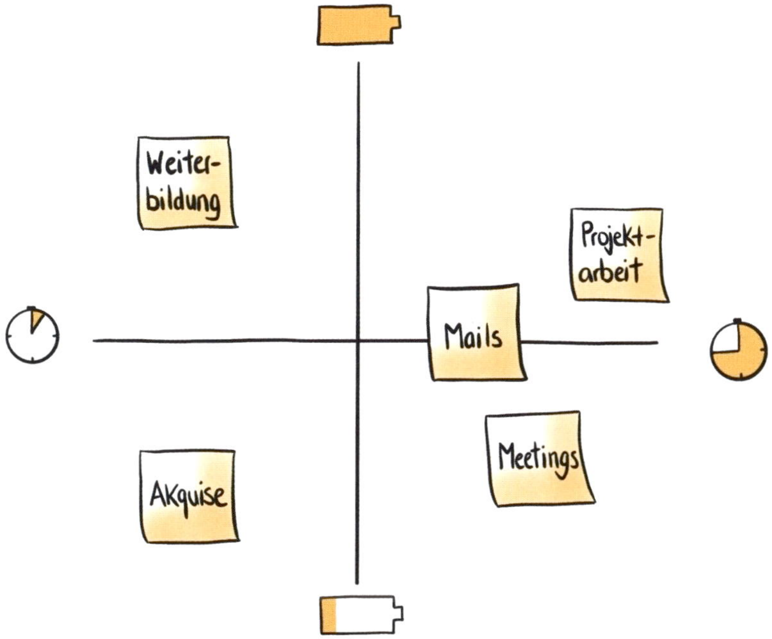

Möglicherweise gibt es hier Aufgaben, die du nicht verändern kannst. Wir wollen uns jetzt aber auf diejenigen konzentrieren, auf die **du Einfluss nehmen** kannst. Auf unseren mittleren Ring im Circle of Influence sozusagen.

Einladung zur Selbstreflexion:

Notiere hier einfach mal alle Ideen, die dir zu den folgenden Fragen einfallen:

Wie kann ich den Aufgaben, die ich gerne mag, mehr Raum geben?

Was kann ich tun, um Aufgaben, die mir schwerfallen oder mich demotivieren, mehr auf meine Bedürfnisse zuzuschneiden?

Welche Aufgaben kann und will ich reduzieren?

An welchen Projekten würde ich gerne (mehr) mitarbeiten?

Mit wem würde ich gerne mehr zusammenarbeiten?
Zu welchen Themen?

Mit wem würde ich die Kooperation und Kommunikation gerne verbessern? Wie?

Welche Maßnahmen würden mir und meinem Team guttun?
Was stresst bei uns im Team? Wie ließe sich das verbessern?

Welchem größeren Ziel dient meine Arbeit? Welchen Nutzen bringen wir als Unternehmen in diese Welt? Wofür bin ich in meiner Arbeit dankbar? Und wie kann ich mir das bewusster machen?

____

____

Wenn du jetzt auf deine Ideen blickst: Welche sprechen dich am meisten an? Welche ließen sich denn recht **schnell und unkompliziert** umsetzen? Mit was magst du **anfangen? Wann?**
Nimm dir ganz **konkrete** und **terminierte** Schritte vor, zum Beispiel:

- Ab morgen werde ich maximal zweimal am Tag 30 Minuten lang fokussiert Mails beantworten.
- Am Montag rufe ich Leonie von HR an, um mal mit ihr mittags essen zu gehen und zu besprechen, wie ich eine Schulung zum Thema »Resilienz« anbieten kann.
- Heute schicke ich kurz vor Arbeitsschluss eine Mail ans Team und schlage vor, dass wir den Projektabschluss mit einem Biergartenausflug feiern.

Meine konkreten nächsten Schritte:

1. ______________________________

____

____

2. ______________________________

____

____

3. ______________________________

____

____

Ein **Beispiel:** Jonas bekam den internen Auftrag, Nachhaltigkeitsprojekte zu finden, in die sein Unternehmen schlüssig investieren könnte (Corporate Social Responsability). Sie sollten thematisch passen, seriös sein und ihren Kunden den Eindruck vermitteln: Dieses Unternehmen leistet neben den täglichen Geschäften einen Beitrag für Umwelt und Gesellschaft. Jonas war begeistert von seiner Aufgabe.

Allerdings stellte er schnell fest, dass er überhaupt nicht vorankam. Statt viel zu recherchieren und Gespräche zu führen, blieb er im Tagesgeschäft stecken und fand einfach keine Zeit für seine neue Aufgabe. Bei der Job-Crafting-Analyse stellte er fest, dass er die meisten Stunden mit den Nachfragen der Kolleg:innen verbrachte, die kürzer als er im Haus waren. Es entsprach seiner Vorstellung von guter Kollegialität, für ihre Fragen seine Tür immer offen zu halten.

Seine wichtigste Maßnahme bestand darin, feste »Fragestunden« an die Kolleg:innen zu kommunizieren und seine Tür regelmäßig für zwei bis drei Stunden zu schließen, um fokussiert an seiner neuen Aufgabe arbeiten zu können. Der Effekt war enorm.

Zum Abschluss des Kapitels wollen wir dir noch einen Energiebooster mitgeben. Für den Fall, dass du mal ganz schnell in den Akzeptanzmodus umschalten willst, um dich nicht in den Gedankenstrudel ziehen zu lassen:

5-Minuten-Tool: *3 x anders, bitte!*

Sicher gibt es Dinge in deinem Leben, die dich stressen, anstrengen und Kraft kosten. Trotzdem musst du sie tun. Dazu gehören vielleicht die Reisekostenabrechnung, das Sortieren der Notizen nach dem Messebesuch oder der 80. Geburtstag von Onkel Hartmut mit trockenem Marmorkuchen (dir fallen bestimmt noch viele andere Dinge ein, stimmt's?). Das Problem ist: Wenn wir drinstecken, haben wir kaum Kapazitäten, uns Lösungen zu überlegen. Deshalb haben wir hier drei Tricks, mit denen du garantiert leichter durch diese Situationen kommst. Am besten probierst du alle drei schon einmal gedanklich kurz aus – dann hast du sie griffbereit, wenn wieder einmal das Alltagsgrauen lauert.

Wie wir Situationen vorher wahrnehmen *Wie wir sie hinterher sehen*

Welche Situationen oder Aufgaben stressen dich regelmäßig in deinem Alltag?

1. Eine kleine Prise Glück

Vieles, was wir nicht mögen, was uns belastet, wird mit ein paar kleinen Änderungen schon viel leichter. Etwa vor der Reisekostenabrechnung einen guten Kaffee kochen und sich selbst eine Belohnung für den Abend versprechen könnte so etwas sein. Oder zu Onkel Hartmut eine leckere Torte mitbringen. Wie könntest du deine Situationen (minimal) verändern, damit sie für dich weniger belastend sind? Kannst du etwas ändern an Zeit, Ort oder äußerem Rahmen?

2. Das war doch eigentlich ganz gut

Wenn wir am Außen nichts ändern können, haben wir dennoch die Möglichkeit, unsere Bewertung zu ändern. Ein Perspektivwechsel befreit uns oft aus dem Gefühl, gestresst oder gelähmt zu sein – auch bei aktuellen oder künftigen Schwierigkeiten. Mit der Abrechnung unserer Reisekosten beweisen wir uns selbst, dass wir unsere Finanzen im Griff haben. Und das Sortieren der Messeunterlagen könnte ein kleines Ritual werden, bei dem wir uns ins Gedächtnis rufen, was wir an Kontakten, Gesprächen und Produkten inspirierend fanden. Wie könntest du die Situationen oder Aufgaben noch sehen? Was könnte Gutes darin stecken?

3. War da was?

Du bist in der Situation oft so gestresst, dass dir die beiden Strategien oben nicht helfen? Vielleicht aufgeregt vor einer wichtigen Präsentation? Oder einem Vorstellungsgespräch? Dann probiere das hier aus, wenn dich der Stress überrollt: Zähl im Kopf von 100 rückwärts, und zwar in 7er-Schritten. Denn unser Hirn kann nicht in zwei Zuständen gleichzeitig sein, panisch und konzentriert zum Beispiel. Wenn wir uns also konzentrieren, lassen Angst oder Aufregung automatisch nach.

Worauf könntest du deine Aufmerksamkeit noch richten?

____

____

Am besten helfen dir diese Strategien präventiv, also wenn du dir schon vorher überlegst, wie du in der Situation agieren willst. Und damit du das dann parat hast, notiere es dir hier gleich noch mal:

Wenn

____

____,

werde ich

____

____.

Was du aus Kapitel 1 zum Thema Akzeptanz mitnehmen kannst:

1. Wir alle erleben Krisen und Stress, das können wir nicht komplett vermeiden. Wir können aber unsere Haltung dazu ändern – und uns damit das Leben Schritt für Schritt einfacher machen.

2. Dafür sollten wir herausfinden, was überhaupt in unserem Einflussbereich liegt, was wir wirklich ändern möchten und was wir künftig gelassen akzeptieren wollen.

3. Viele Krisen und Stressmomente liefert unser Berufsleben, das sich gerade schnell und stetig verändert. Auch hier haben wir mehr Einflussmöglichkeiten, als wir denken: Manches will akzeptiert, anderes angepackt werden.

4. In unserer aktuellen Arbeitssituation lohnt sich ein Blick auf das, was wir da genau tun. Erst wenn wir wissen, welche konkreten Aufgaben mehr werden sollen und welche weniger, können wir Ideen für diese Ziele entwickeln.

5. Um uns bestmöglich auf die Anforderungen der künftigen Arbeitswelt einzustellen, sollten wir herausfinden, was uns gerade gut gefällt, stört und/oder sich ändern soll. Das ist die Basis aller weiteren Schritte.

6. In akuten Stresssituationen, die regelmäßig auftreten, helfen uns ein paar kleine, feine Tricks (siehe *5-Minuten-Tool: 3 x anders, bitte!*).

2

OPTIMISMUS

Wie du ein zuversichtliches Bild von deiner Zukunft entwickelst

Der zweite, mit am besten erforschte Resilienzbaustein ist Optimismus. Den können wir eigentlich in jeder Lebenslage gut gebrauchen. Aber in Stress-, Krisensituationen oder einfach dem alltäglichen Alltagswahnsinn tut er uns besonders gut. Und das Beste daran: Wir können üben, optimistischer zu denken. In diesem Kapitel erfährst du mehr dazu.

Carolin:
Ich bin im Laufe meines Lebens immer optimistischer geworden. Mittlerweile mache ich mir überhaupt keine Gedanken darüber, was alles schieflaufen könnte – ich gehe einfach davon aus, dass immer alles glattgeht. Das tut es natürlich nicht. Und ja, ich habe mich schon im Nachhinein über mich geärgert, weil ich die eine oder andere Krise hätte ahnen – und damit vielleicht sogar vermeiden können.

Und trotzdem ist mein Credo schon lange: »Kümmere dich um das Problem, wenn es da ist.« Vermutlich wird es nämlich nie da sein. Oder wenn doch, dann garantiert anders, als ich mir das vorher ausmale.

So war ich nicht immer. Während meines »Brotlose Kunst«-Studiums (Germanistik, Französisch, Theaterwissenschaften) habe ich mir häufig Sorgen gemacht, ob ich mit diesem Abschluss jemals einen Job finde. Und dann gemerkt, dass mir diese Gedanken überhaupt nicht guttun. Also habe ich sukzessive meinen Fokus verschoben. Auf das Gelingen geachtet. Meine Sorgen abgewogen und die unrealistischen 90 Prozent aussortiert. Und heute? Bin ich Daueroptimistin und sehr glücklich damit.

Angelernt? Angewöhnt? Oder doch angeboren?

Ist Optimismus angeboren? Oder eher eine Denkgewohnheit, die wir uns antrainieren können? Es stimmt wohl beides. Unsere Gene spielen zwar eine Rolle, aber eher eine untergeordnete. Ein zuversichtlicher Blick auf die Welt speist sich aus den guten Erfahrungen, die wir in unserem Leben gemacht haben. Die sind einerseits nicht gleich verteilt. Manche Menschen wachsen sehr behütet auf und erleben gleichzeitig viele Situationen, die sie meistern und die sich zum Guten wenden.

Andere Menschen haben es da schwerer. Sie erleben schon in der Kindheit Krisen, Unglück, Traumata. Oder sie werden so überbehütet, dass sie sich selbst nichts zutrauen.

Wir sind vielleicht als Pessimist:innen oder Optimist:innen geprägt von Genen und Erfahrung – aber nicht darauf festgelegt

Doch daraus ergibt sich nicht zwangsläufig eine optimistische oder pessimistische Sicht auf die Welt. Auch unsere Persönlichkeit und unser soziales Umfeld entscheiden darüber, auf welchen Boden diese Erfahrungen fallen, wie stark sie unser Denken und Fühlen prägen, welche Denkgewohnheiten wir ausbilden.

Die gute Nachricht: Unsere Denkmuster lassen sich verändern. Nicht von heute auf morgen. Aber mit kontinuierlicher Übung.

Optimismus ist kein halb volles Glas

Diese Metapher kennen wir wohl alle: Für Optimisten ist das Glas halb voll, für Pessimisten ist es halb leer. So einprägsam – so falsch.

Das Bild suggeriert, Optimisten und Pessimisten nähmen ihre aktuelle Situation unterschiedlich wahr: Optimisten sehen das Gute, Pessimisten das Schlechte (wenn wir davon ausgehen, dass das, was da im Glas ist, überhaupt schmeckt). Doch beim Optimismus geht es nicht darum, was ich über meine aktuelle Situation denke. Es geht darum, was ich von der Zukunft erwarte.

Was Optimismus nicht ist *Was Optimismus wirklich ist*

Dazu ein **Beispiel**. Optimistin Olga und Pessimistin Paula haben beide einen neuen Job angenommen. Beiden wurde im Vorstellungsgespräch in Aussicht gestellt, der neue Job biete spannende Aufgaben, ein nettes Team, eine empathische Führungskraft. Doch nach ein paar Wochen stellt sich heraus: Nix mit spannend, nett, empathisch. Stattdessen nur Monotonie, Misstrauen und Mikromanagement.

Nach der Glas-Metapher würde unsere pessimistische Paula jetzt denken: »Dieser Job ist überhaupt nicht das, was ich mir vorgestellt habe. Der Chef ist furchtbar, die Aufgaben langweilig, und ein Teamgefühl gibt es auch nicht.« (Das Glas ist nicht mal halb leer.)

Und die optimistische Olga? Denkt vermutlich das Gleiche! Optimistische Menschen reden sich nämlich nicht die Lage schön (nach dem Motto: »Ja, jetzt werde ich hier total ignoriert, aber das wird bestimmt besser« – halb volles Glas).

Unterscheiden werden sich Olga und Paula vor allem darin, wie sie über die Zukunft denken. Das könnte sich dann so anhören:

Paula: »Na toll, dann hänge ich jetzt hier fest, ich kann ja nicht schon wieder kündigen, wie sieht das in meinem Lebenslauf aus? Da nimmt mich doch keiner mehr. Außerdem, wer weiß, der nächste Job wäre vielleicht noch schlimmer.«

Und Olga? Da klingt das ganz anders: »Okay, der Job ist Mist. Aber hey, ich hab diesen Job gefunden, dann finde ich auch einen anderen. Es wartet bestimmt mein Traumjob da draußen auf mich. Ich werde gleich mal anfangen, mich zu bewerben.«

Die beiden können sich also einig sein in Bezug auf die Gegenwart. Nur: Wo optimistische Menschen Chancen suchen und Gestaltungsmöglichkeiten wahrnehmen, richten sich pessimistische Menschen in schwierigen Situationen ein – sie glauben einfach nicht an eine bessere Zukunft.

Furcht, Angst und Sorgen

Was macht es mit uns, wenn wir eher pessimistisch sind? Nun, vor allem haben wir andere Gefühle unsere Zukunft betreffend: Ängste und Sorgen. Davon haben Pessimisten eine ganze Menge, Optimisten eher nicht. Furcht haben Optimisten übrigens auch. Die Begriffe werden im Alltag teilweise synonym benutzt, meinen aber verschiedene Dinge.

Furcht

Wenn wir uns fürchten, dann vor etwas Konkretem im Außen, zum Beispiel, wenn wir eine Spinne im Haus sehen. Dabei – und das wissen wir ja auch – hat die Größe der Furcht nicht unbedingt etwas mit der echten Gefahr zu tun (außer man wohnt in Australien). Trotzdem bekommt manch einer Herzklopfen, wenn so ein schwarzes Krabbeltier auf der Coach sitzt. Fühlt sich nicht gut an. Auch die größten Optimisten fürchten sich mal – ob vor der Spinne, der Zahnwurzelbehandlung oder vor einer Prüfung. Ist die Situation vorbei, ist auch die Furcht weg. Wir fürchten uns also nicht permanent vor Spinnen, sondern nur, wenn wir wirklich eine sehen.

Angst

Angst ist diffuser als Furcht. Sie schafft uns ebenfalls ein ungutes Gefühl. Manchmal ist sie so groß, dass sie uns regelrecht lähmt oder überrennt. Dann wird aus Angst Panik. Ängste können sich auf reale Gefahren beziehen. Sie können aber auch komplett losgelöst davon sein; sich auf diffuse, unbestimmte Bedrohungen beziehen. Oft versuchen Menschen dann, Situationen zu vermeiden, in denen sie Angst haben (zum Beispiel vor anderen Menschen zu sprechen). Das kann die Angst noch steigern. Die Wurzeln starker Ängste liegen oft in der Vergangenheit. Um sie zu bewältigen, ist deshalb eine therapeutische Begleitung häufig sinnvoll und hilfreich.

Sorgen

Sorgen sind noch unkonkreter als viele Ängste. Wir sehen oder hören Dinge – in den Nachrichten, auf Social Media, von den Kollegen in der Kaffeeküche. Und beginnen, uns Schreckliches auszumalen. Das Problem dabei: Häufig entscheiden wir nicht auf Basis von Fakten, worüber wir uns Sorgen machen. Wenn wir uns sorgen, dass bei uns eingebrochen wird, könnten wir erst einmal in die Statistik schauen: Wie viele Haushalte gibt es in der Nachbarschaft? Wie hoch ist die Einbruchsquote in diesem Jahr? Wie wahrscheinlich ist es also, dass Einbrecher ausgerechnet in die eigene Wohnung eindringen? Aber so funktionieren Sorgen leider nicht. Sie sind eher eine Denkgewohnheit – und eher untypisch für optimistische Menschen.

Damit wollen wir nicht sagen, dass Sorgen grundsätzlich unberechtigt sind. Viele Sorgen sind verständlich und nachvollziehbar – um die politische Entwicklung im Land, um die Klimakrise, vielleicht auch um Menschen in unserem Umfeld. Wenn wir uns um etwas oder jemanden sorgen, ist das ein Zeichen dafür, dass uns das wichtig ist.

Einladung zur Selbstreflexion:

Wovor fürchtest du dich? Welche Strategien wie Vermeiden, Atmen, Reden o.Ä. benutzt du im Umgang mit Furcht?

Wovor hast du Angst? Wie intensiv fühlt sich deine Angst an? Wie denkst du über deine Angst? Wie gehst du mit ihr um?

Worüber machst du dir Sorgen? Wie oft? Welche deiner Sorgen hast du schon überprüft (nach Wahrscheinlichkeit, Auswirkungen etc.)?

Haben Sorgen auch was Gutes?

Wer sich viele Sorgen macht, ist auf die großen und kleinen Krisen im Leben gut vorbereitet, könnte man meinen. Schließlich hat man alles schon mehr als einmal durchdacht. Was mache ich nur, wenn ich meinen Job verliere? Mein Freund mich verlässt? Meine Mutter krank wird? Der neue Kollege blöd ist? Wenn meine Chefin meine Idee vor den anderen runtermacht? Wenn, wenn, wenn ...

Nur sind Sorgen leider überhaupt nicht konstruktiv. Wir denken ja nicht über Lösungen nach. Stattdessen erlauben wir diesen Ojemine-Gedanken noch eine Extrarunde in unserem Gedankenkarussell – wie quengelnden Kindern auf dem Rummel.

Dazu kommt, dass wir uns natürlich nicht dann sorgen, wenn wir ausgeruht, kreativ und entspannt sind. Nein, Sorgen kommen (gern als ganze Horde) auf dem Nachhauseweg in der S-Bahn. Eine halbe Stunde vor dem wichtigen Termin. Oder auch nachts um vier. Dann liegen wir stundenlang wach, ärgern uns über uns selbst und schaffen es doch nicht, die Stimmen in unserem Hirn zum Schweigen zu bringen, die uns eine Horrorgeschichte nach der nächsten erzählen. Und unser Stresslevel steigt und steigt ...

Und sie sind hartnäckig, diese Sorgenquälgeister! Da hilft kein Diskutieren, keine Beschimpfung, kein Ignorieren. Dann jammern sie einfach weiter – oder kommen später wieder. Was hilft stattdessen?

Vielen Dank – ihr dürft jetzt gehen

Schau noch mal ins vorige Kapitel zum Circle of Influence. Sorgst du dich vor allem über Dinge, die du beeinflussen kannst? Wunderbar, dann wechsele aktiv in den Lösungsmodus: Was kannst du konkret tun, damit deine Sorgen nicht zur Realität werden? Mach dir einen möglichst konkreten Plan. Das besänftigt Sorgen häufig. Im Kapitel 5 werden wir dir dazu noch konkrete Methoden vorstellen.

Du sorgst dich eher um Dinge, die du nicht beeinflussen kannst? Und deine Sorge lässt sich nicht besänftigen? Vielleicht ist sie Stammgast bei dir und will einfach ihren Platz nicht räumen? Warum sollte sie auch, wo sie in dir doch einen treuen Zuhörer und Gesprächspartner hat?

Steven Hayes, der Begründer der Akzeptanz- und Commitment-Therapie (kurz ACT), beschreibt in seinem Buch »Kurswechsel im Kopf«, wie er jahrelang Panikattacken hatte und eine innerliche Stimme mit ihm schimpfte. Irgendwann merkte er, dass er die Stimme selbst steuern kann. So hat er die Stimme verändert: Er hat sie die Worte singen lassen, sie wie ein bekannter Schauspieler klingen lassen, ihr den Tonfall eines Sportreporters gegeben etc. So haben die Worte die Macht über ihn verloren. Dabei, so betont er, wollte er die Stimme nicht lächerlich machen. Sondern sich lediglich von ihr distanzieren.

Das ist der entscheidende Punkt: Du bist nicht deine Sorgen. Du bist nicht diese Stimme im Kopf. Das ist nur ein Anteil von dir – übrigens einer, der grundsätzlich eine gute Absicht hat. Wir können diese Stimmen nicht ignorieren, nicht wegdiskutieren oder niederbrüllen. Stattdessen können wir ihnen neugierig zuhören. Hier eine schrittweise Übung dazu:

Wenn du immer wieder ähnliche sorgenvolle Gedanken hast, mach dir zunächst klar: Du bist nicht deine Sorgen. Es gibt nur einen Anteil in dir, der diese Sorgen hat. Und dieser Anteil hat eine gute Absicht für dich. Das könntest du erst einmal anerkennen. Vielleicht, indem du dem Anteil einen Namen gibst (Die Mahnerin? Der Vorsichtige? Die mit dem Schrecken tanzt?):

____

____

Jetzt frag diesen Anteil einmal (neugierig und ohne Vorwurf): Was willst du Gutes für mich mit diesen Befürchtungen?

____

____

Was brauchst du von mir? Was würde dir das Gefühl geben, du wurdest gehört?

____

____

Du kannst mit deinem Anteil ins Gespräch kommen und konkrete Schritte aushandeln. Was davon kannst und willst du umsetzen?

Dann bedanke dich bei dem Anteil und schau, ob die Stimme in dir leiser wird.

Das Gute erwarten

Die meisten Sorgen in unserem Leben machen wir uns unnötig. Sie treffen gar nicht erst ein, und wenn doch, dann anders als gedacht. Ich will damit nicht behaupten, dass uns nie etwas Schlimmes passiert. Natürlich tut es das. Das gehört zum Leben dazu.

»Sorgen sind genauso sinnvoll wie sich ein Pflaster aufkleben, bevor man sich geschnitten hat.«

Karin Kuschik, Autorin und Coach

Carolin:
Wenn ich eine Liste machen würde von allen Sorgen, die ich mir je gemacht habe, und dann abzählen würde, wie viele davon eingetroffen sind? Wäre meine Trefferquote tatsächlich schlecht. Ich scheine kein hellseherisches Talent dafür zu haben. Dafür habe ich in meinem Leben schon einige Krisen erlebt, mit denen ich niemals gerechnet hätte. Zum Glück. Ich will eigentlich gar nicht so genau wissen, welche Stolpersteine, welche Verletzungen oder Gefahren das Leben noch für mich bereithält. Denn ganz ehrlich: Ich glaube, die meisten Krisen wären auch eingetroffen, wenn ich mir dazu vorher schon Sorgen gemacht hätte. Erkrankungen. Schicksalsschläge.

Enttäuschungen. Die Sorgen hätten mir nur die Lebenszeit erschwert, in denen die Krisen noch nicht da waren.

Wie viele Sorgen wir uns vorher machen

Was davon eintrifft

Wie schauen wir in die Zukunft?

Raffael Kalisch, der das Leipniz-Institut für Resilienzforschung leitet, hat in seinem Buch »Der resiliente Mensch« die »Positive Appraisal Style Theory Of Resilience« (kurz PASTOR) entwickelt. Er erläutert darin, dass unser Stresssystem zunächst einmal etwas Gutes ist. Stress hilft uns, mit Bedrohungen umzugehen (deshalb wäre die Furcht vor Spinnen in Australien auch nützlich, weil sie ja dort wirklich oft giftig sind).

Wenn wir Gefahren aber falsch einschätzen, befeuern wir unser Stresssystem. Es reagiert dann über – und wir empfinden mehr Stress, als wir »brauchen«.

Auf einer Skala skizziert der Autor dabei, welche Bewertungsstile Menschen in ihrem Leben entwickeln. Vom Hang zum Katastrophisieren, das uns in einen permanenten Stresszustand versetzt, bis zum unrealistischen Luftschlösser-Bauen ist alles dabei. In der Mitte liegt der realistische Blick mit angemessenem Stresspegel. Kalisch empfiehlt uns nun, unsere Bewertung etwas weiter rechts anzusetzen, also etwas optimistischer zu sein.

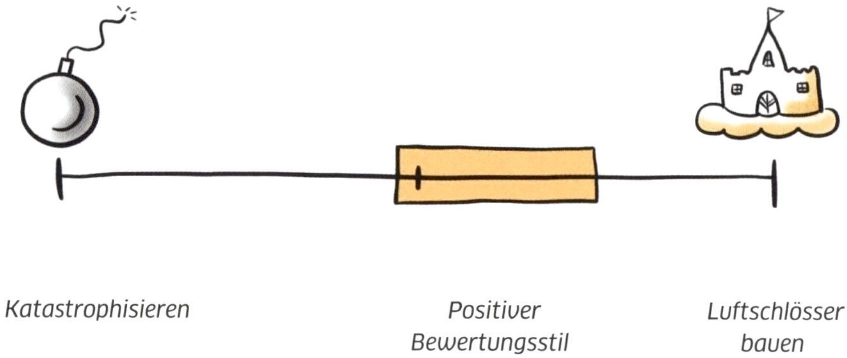

Wieso lohnt es sich, optimistischer zu sein und nicht nur realistisch? Wir ersparen uns damit viele Sorgen, die sowieso nicht eintreffen. Wir halten unser Stresslevel niedrig und leben gesünder.

Für alle, die ihr Kreuzchen eher links gemacht haben – ihr seid in guter Gesellschaft. Sorgen sind weit verbreitet, unsere Medien sind voller schlechter Nachrichten, und jeden Tag geschehen neue furchtbare Dinge. Und doch haben wir es selbst in der Hand, wohin wir täglich unseren Fokus lenken und wie wir die Welt und unsere Erlebnisse darin wahrnehmen. Wir können uns angewöhnen, eher optimistisch zu denken.

Einladung zur Selbstreflexion:

Wie optimistisch denkst du in der Regel über deine künftigen Pläne, Ziele, Wünsche?
Zeichne gern deine Einschätzung auf der Skala ein.

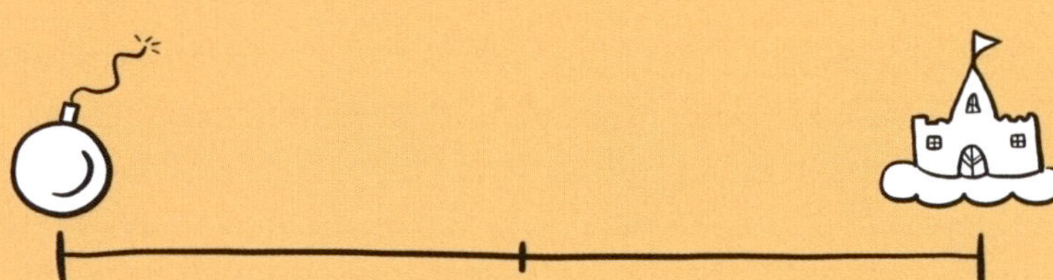

Wir basteln uns gute Erfahrungen

Optimismus wächst durch gute Erfahrungen. Bloß: Wie finden wir die? Nach Martin Seligman, dem Begründer der Positiven Psychologie, bewerten optimistische Menschen Ereignisse in ihrem Leben anders.

Da wären zum einen die positiven Ereignisse. Optimisten betrachten diese

- internal: Sie beziehen das Ereignis auf sich und die eigene Leistung dazu.
- stabil: Sie erwarten, dass das Ereignis die Regel ist (und nicht die Ausnahme).
- global: Sie gehen davon aus, dass sich diese Erfahrung auch auf andere Bereiche ihres Lebens übertragen lässt.

Unsere optimistische Olga würde also, wenn sie die Zusage für einen neuen Job bekommt, so darüber denken:

»Schön, dass ich eine Zusage bekommen habe. Ich hab mich ja auch mächtig ins Zeug gelegt (internal). Ich weiß, wenn ich mich anstrenge, kann ich andere überzeugen und meine Stärken gut rüberbringen (stabil). Und die Wohnung, für die ich mich beworben habe, krieg ich bestimmt auch (global).«

Negative Erfahrungen bewerten optimistische Menschen dagegen ganz anders, nämlich

- external: sie sehen die Gründe eher im Außen, nicht vorrangig bei sich selbst,
- instabil: sie schätzen das als Ausnahme ein,
- spezifisch: sie glauben, dass es an den besonderen Umständen lag und das nächste Mal wieder anders läuft.

Hätte Olga also eine Absage bekommen, sähen ihre Gedanken so aus:

»Na ja, die wollten halt jemanden mit mehr Branchenerfahrung (external). Bei der nächsten Bewerbung sieht das bestimmt wieder anders aus (instabil). Und der Personalleiter hatte sich wohl schon auf den anderen Bewerber festgelegt (spezifisch).«

Bei Pessimisten läuft die Bewertung genau andersherum ab. Positive Ereignisse schreiben sie den äußeren Umständen zu (»Das war Glück«), ohne den eigenen Anteil zu sehen oder zu würdigen. Negative Ereignisse schreiben sie sich allerdings selbst zu (»Ich bin einfach zu schlecht«).

Wir tun also gut daran, mal genauer hinzuschauen, wie wir die Ereignisse in unserem Leben beurteilen und ob wir uns dabei bewusst die Bewertungsstile des Optimisten zu eigen machen. Das Ziel ist es dabei nicht, im Luftschloss zu wohnen. Auch Optimisten sollten genauer hinschauen, wenn etwas nicht gut gelaufen ist, und prüfen, welchen Anteil ihr eigenes Verhalten dabei hatte (»Die Fragen im Vorstellungsgespräch haben mich doch etwas kalt erwischt. Das nächste Mal werde ich mich noch intensiver vorbereiten«).

Prüf doch einmal nach, was dir eher entspricht – für eine gute und für eine schlechte Erfahrung:

Bei dem guten Ereignis ________________________________,
das mir widerfahren ist, denke ich:

Pessimistische Sicht	Optimistisch-realistische Sicht
Ich hatte einfach mal Glück. (external)	Ich hab das toll hingekriegt. (internal)
Das war halt mal eine Ausnahme. (instabil)	Ich weiß, ich krieg es hin, wenn ich mich anstrenge. (stabil)
Das nächste Mal wird das bestimmt nichts. (spezifisch)	Ich kann mein Leben aktiv gestalten und mich Herausforderungen stellen. (global)

Bei dem schlechten Ereignis ____________________________,
das mir widerfahren ist, denke ich:

Pessimistische Sicht	Optimistisch-realistische Sicht
Das ist so typisch für mich. (internal)	Na gut, das war halt Pech. (external)
So was passiert mir immer. (stabil)	Das passiert mir sonst nie. (instabil)
Ich bin halt ein Pechvogel. (global)	Das lag an den besonderen Umständen. (spezifisch)

Bist du eher pessimistisch unterwegs? Dann probier doch mal die anderen Gedanken auf der rechten Seite dazu aus. Was wäre, wenn sie stimmen würden?

Work-out für unseren Optimismus

Bei wichtigen Erlebnissen sollten wir also auf unsere Bewertung achten. Wir können aber noch auf einer weiteren Ebene ansetzen: unseren positiven Gefühlen.

Barbara Fredrickson, eine amerikanische Psychologin und Forscherin, beschäftigt sich schon seit vielen Jahren mit guten Gefühlen. Ausgangslage für ihre Forschung war die Frage: Wofür brauchen wir überhaupt gute Gefühle?

Negative Gefühle wie Angst, Ekel oder Wut sind wichtige Indikatoren, dass uns Gefahr droht. Sie lösen starke körperliche Reaktionen aus, erzeugen Stress. In der Steinzeit haben sie unser Überleben gesichert: Vor dem Säbelzahntiger ließen sie uns rechtzeitig flüchten, die bitteren Beeren blieben am Strauch.

Doch was bewirken gute Gefühle? Fredrickson konnte in vielen Experimenten und Studien nachweisen, dass gute Gefühle unsere Kreativität ankurbeln. Sie sorgen dafür, dass wir offener für neue Erfahrungen sind und mehr wahrnehmen (Broaden). Damit entwickeln wir uns weiter, wachsen und entfalten uns (Build). So entsteht eine Aufwärtsspirale. Sie nennt das die Broaden-and-Build-Theorie.

Dabei geht es nicht darum, besonders intensive gute Gefühle zu haben – sondern besonders häufig. Im Verhältnis zu negativen Gefühlen brauchen wir dreimal so viele angenehme Gefühle, damit sie ihre Wirkung entfalten. Das Gute ist: Wir können die Anzahl unserer positiven Gefühle selbst erhöhen.

Tool: ***Positive Gefühle verstärken***

Für dieses Tool brauchst du nur zwei Gläser oder Becher auf deinem Schreibtisch. Lege in den linken Becher 20 bis 30 kleine Perlen, Erbsen, Münzen oder Knöpfe – was immer du zur Verfügung hast. Jedes Mal, wenn du tagsüber ein gutes Gefühl hast, legst du eines davon in den rechten Becher. Beobachte, wie schnell sich der rechte Becher füllt. Abends kommen die Perlen wieder zurück in den linken Becher.

Welche positiven Gefühle könnten dabei sein?

- Freude, Vergnügen, Ausgelassenheit
- Staunen, Ehrfurcht, Bewunderung
- Anerkennung, Dankbarkeit
- Hoffnung, Unterstützung und Ermutigung durch andere
- Inspiration
- Interesse, Neugier
- Fröhlichkeit, Glück
- Liebe, Nähe, Vertrauen
- Stolz, Zuversicht, Selbstvertrauen
- Heiterkeit, Zufriedenheit, innerer Frieden

Denk dran: Gute Gefühle sind flüchtig. Es zählen auch Momente, die nur kurz angedauert haben (der erste Schluck Kaffee zum Beispiel, der Sonnenstrahl auf deinem Gesicht an der Bushaltestelle, das Lächeln der Bäckerin etc.).

Nimm dir regelmäßig Zeit, aktiv nach solchen Momenten zu suchen und sie bewusster auszukosten. Auch wenn wir uns an diese Situationen erinnern, erleben wir positive Gefühle. So können wir die Anzahl pro Tag einfach erhöhen, indem wir schöne Momente noch einmal durchleben. Und erzähl anderen davon – vielleicht abends beim gemeinsamen Abendessen?

Tipp: Wenn du wenig Zeit am Schreibtisch verbringst, kannst du auch deine Hosentaschen nutzen und die Perlen von der linken in die rechte Tasche wandern lassen.

Was Optimismus im Job bewirken kann

Wenn es uns gelingt, Schritt für Schritt zuversichtlichere Gedanken die Regie in unserem Kopf übernehmen zu lassen, tut uns das einfach gut. Trotzdem werden wir natürlich in unserem Umfeld mit Menschen zu tun haben, die eine andere, pessimistischere Sicht auf die Dinge haben. Es geht uns nicht darum, allen Pessimisten dieser Welt zu zeigen, dass sie falschliegen und sich ändern müssen. Vielmehr glauben wir an die Kraft der positiven Ansteckung. Wenn immer mehr von uns optimistischere Bilder von der Zukunft entwickeln und dies ausstrahlen, dann können wir dazu beitragen, dass andere einfach mitmachen wollen, egal wie sie geprägt sind.

Ines:
Carolin ist mir ein gutes Vorbild in puncto Optimismus, denn ich bin anders geprägt worden. Der Zweckpessimismus aus meinem Elternhaus stammt aus schwierigen Jahren. Wer auf das Schlimmste gefasst ist, könne sich besser vorbereiten, hieß es. Wir Kinder mussten nichts dergleichen erleben, die Worst-Case-Szenario-Technik haben wir aber mit der Muttermilch aufgesogen. Sie sitzt tief. Und sie begegnete mir auch auf etlichen Chefetagen wieder.

Erst in der Coaching-Ausbildung kam ich zu der Erkenntnis, dass mir ein Fokus auf das Positive das Leben deutlich leichter machen könnte. Doch wie komme ich da hin? Ich hatte schließlich jahrzehntelang Schwarzmalerei trainiert. Demonstrative »Tschakka«- und »Fake it till you make it«-Typen finde ich unauthentisch und unglaubwürdig. Powerposen vor dem Spiegel mit dem Mantra »Ich bin super«? Fühlt sich für mich komisch an.

Überzeugt haben mich letztlich neben den Forschungsergebnissen aus der Positiven Psychologie vor allem eine Reihe von kleinen, zunächst zaghaften Schritten. Sie haben mich zu einer neuen Strategie gebracht, die zu mir passt und die sich gut anfühlt. Ihr findet sie in diesem und den nächsten Kapiteln.

Optimisten sind realistischer und erfolgreicher

Es lohnt sich wirklich, optimischer zu werden. Forschende um Lewina Lee von der Boston University School of Medicine fanden heraus, dass Optimist:innen ihre Chancen, älter als 85 zu werden, mit »mehr als 50 Prozent Wahrscheinlichkeit« erhöhen.[1] Untersucht wurde hierfür die Einstellung von über 70 000 Frauen und Männern über einen Zeitraum von 10 bis 30 Jahren.

Optimist:innen sind der Studie zufolge Menschen, die daran glauben, dass gute Dinge passieren werden. Und vor allem, dass sie selbst dazu beitragen können, bestimmte Ziele zu erreichen. Sie wägen ihre eigenen Möglichkeiten ab, unternehmen kleine Schritte und bleiben optimistisch. Sie erleben täglich ihre eigene Selbstwirksamkeit.

Hier ließen sich noch viele weitere Studien zitieren, aber sie lassen sich auch zusammenfassen: Menschen mit einem gesunden

Optimismus sind im Berufsleben oft erfolgreicher, weil sie besser führen, verhandeln und netzwerken. Sie haben insgesamt stabilere Beziehungen und können in schwierigen Situationen flexibler und kreativer reagieren. Dazu sind sie gesünder und verfügen über ein stärkeres Immunsystem.

Ertappen, schmunzeln, weitergehen

Einen ersten Schritt in Richtung eines gesunden optimistischen Lebens haben wir dir schon am Anfang des Kapitels mit der PASTOR-Formel vorgestellt. Jetzt schauen wir in deinen Arbeitsalltag. Fakt ist: Der Flurfunk spielt nach wie vor in unseren Unternehmen eine große Rolle. Viel Zeit und Energie werden in das gemeinsame Kritisieren von Kolleg:innen, Führungskräften und der Unternehmensführung gesteckt. Man muss doch auch mal Dampf ablassen können!

»Mal Dampf ablassen« ist in Ordnung, in vielen Unternehmen ist das Lästern in der Kaffeeküche aber ein Dauerbrenner, der den gegenteiligen Effekt hat. Das ausführliche Befassen mit den Unzulänglichkeiten anderer Menschen hinterlässt uns alle viel mutloser, als wenn wir darüber sprechen, mit welcher Haltung und welchen Handlungen wir etwas ändern und uns besser fühlen können.

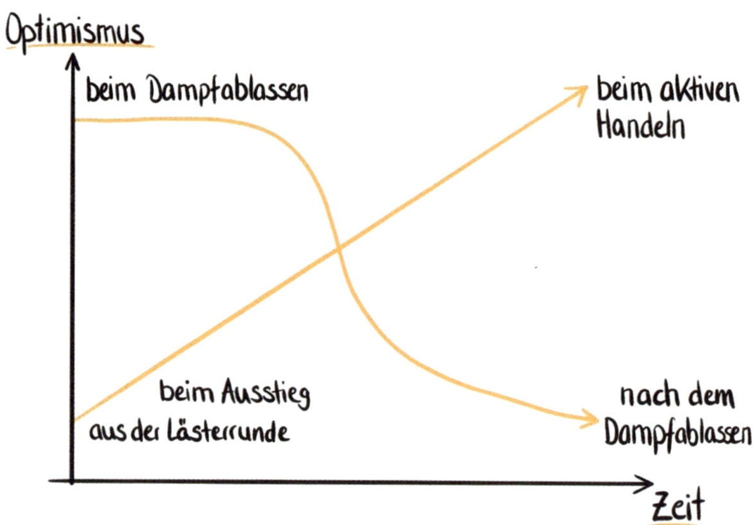

Im ersten Schritt geht es also darum, uns selbst auf die Schliche zu kommen und bewusst zu realisieren: In diesem Gespräch stecken wir ganz schön fest, wie könnte ich aus dem Kritisier-Modus aussteigen?

Den größten Erfolg versprechen Fragen nach ersten kleinen Schritten. In einer Gegenüberstellung könnte das so aussehen: Zunächst feststellen, ob du eher einen Gedanken auf der linken Seite hast. Dann kurz innehalten und überlegen, ob die Fragen auf der rechten Seite dir weiterhelfen könnten:

Pessimistische Sicht	**Optimistisch-realistische Sicht und Fragen**
Jetzt wollen die von oben schon wieder alles verändern, die fahren den Karren doch eh an die Wand!	Mal schauen: Was könnte an diesen Veränderungen gut für mich sein? Und was davon könnten wir nutzen, um zukunftsfit zu werden?
Mit dem Kollegen XY kann ich einfach nicht, und das wird sich auch nie ändern.	XY wird vielleicht nicht mein Lieblingskollege, aber er hat deutlich andere Qualitäten als ich. Wie können wir uns diese Unterschiede zunutze machen?
Ich mache jetzt nur noch so viel, wie ich unbedingt muss. Alles andere wird ohnehin nie gesehen oder anerkannt.	Wie ich es bisher gemacht habe, bringt mir nicht die Anerkennung, die ich mir wünsche. Mit welchen Aufgaben könnte ich eher punkten?

Achtung: Wenn du bisher gut eingebunden warst in schaurig-wohlige Lästerrunden, ist es keine gute Idee, urplötzlich und für die anderen nicht nachvollziehbar auf Optimismus umzuschwenken. Das überfordert die Kolleg:innen. Besser ist es, erst mal für dich

- im Stillen die Mechanismen wahrzunehmen,
- dich früher aus den Gesprächen auszuklinken (weiterarbeiten, Termine …),

- in Ruhe für dich stimmige optimistisch-realistische Sätze zu entwickeln, die dich aus dem passiven Kritisieren heraus und hin zum aktiven Überlegen und Handeln bringen.

Du kannst optimistisch sein und dennoch Dinge infrage stellen. Aber lösungsorientiert.

Kurz, regelmäßig und knapp funktioniert es am besten. Stelle dir immer wieder folgende Fragen und beantworte sie innerhalb von rund fünf Minuten mit wenigen Worten schriftlich (weil das Geschriebene andere Hirnregionen anspricht und dir deinen Fortschritt deutlicher vor Augen führt, wenn du später mal wieder durch deine Seiten blätterst):

Einladung zur Selbstreflexion:

Wo habe ich mich heute in einer pessimistischen, rein kritisierenden Gesprächsrunde wiedergefunden?

____

____

Wann bin ich wie ausgestiegen? Wie ginge es noch eleganter?

____

____

Welche Frage hilft mir bei diesem Thema weiter?

____

____

Ines:

Ich bin ein großer Fan des schriftlichen Auf-den-Punkt-Bringens von Gedanken. Das hat mir immer geholfen, mich in ganz unterschiedlichen Bereichen weiterzuentwickeln. Aber schnell soll es gehen (ich will nicht stundenlang darüber brüten), und Abwechslung muss es bieten (ich wechsle in der Regel alle 30 bis 60 Tage mein Thema, zu dem ich abends reflektiere, sonst wird es mir schnell langweilig).

Manchmal brauche ich länger, um Erfolge zu sehen. Beispielsweise wollte ich mich dem Thema »Humor in Coaching und Training« nähern, weil ich es immer wieder erlebe, wie wohltuend gemeinsames Lachen für alle ist. Also stellte ich mir abends die Fragen: 1. Worüber habe ich heute herzhaft gelacht? 2. Was war der witzige Punkt dabei? 3. Wie ließe sich das im Coaching einsetzen?

Leicht erschüttert hat mich, dass mir in den ersten Tagen abends gar nichts einfiel. Dabei wusste ich genau, dass ich oft gelacht hatte – ich erinnerte mich nur nicht, worüber. Weil mein Fokus auf anderes ausgerichtet war. Ich saß deutlich länger als fünf Minuten über meinen Abend-Fragen und war trotzdem mit dem Ergebnis unzufrieden.

Nach ein paar Tagen dachte ich tagsüber immer häufiger: Das ist so ein Moment, merk ihn dir! Doch abends war er wieder weg. Aber die Hartnäckigkeit zahlte sich aus. Heute erinnere ich mich an viele Momente, in denen mich etwas sehr amüsiert – sei es allein beim Lesen oder Durch-die-Stadt-schlendern, sei es zusammen mit anderen.

»Energy grows where focus goes.«

Tony Robbins, US-amerikanischer Coach und Bestsellerautor

Das Wohlwollen der anderen nutzen

Wenn du noch nicht so geübt darin bist, dich selbst voller Optimismus zu betrachten, dann kannst du dir auch einfach mal ein Bad im Wohlwollen deiner Lieblingsmenschen gönnen. Oder vielmehr eine Dusche. Denn manche unserer Talente und Stärken sind uns gar nicht bewusst, weil sie für uns so selbstverständlich sind. Deshalb empfehlen wir dir an dieser Stelle die Stärkendusche. Sie schafft Klarheit darüber, was andere in uns sehen. Sie stärkt uns, weil meist viel mehr kommt, als wir gedacht hätten. Und sie wirkt garantiert belebend. Probier's aus.

Tool: ***Stärkendusche***

Überlege dir im ersten Schritt vier bis sechs Menschen in deinem Umfeld, die dir möglichst wohlgesonnen sind.

Die Methode bringt dir noch mehr, wenn diese Menschen aus unterschiedlichen Bereichen in deinem Leben kommen, also Freund:innen, Familienmitglieder, aber auch Kolleg:innen, Nachbarn oder sympathische Bekannte. Hör mal in dich hinein, wen du in deine Stärkenfindung miteinbeziehen magst.

Diesen vier bis sechs Menschen schickst du nun einzeln eine Nachricht, dass du dich mit deinem nächsten Karriereschritt (deiner Berufswahl, deinem nächsten Entwicklungsschritt oder was auch immer für dich gut und stimmig klingt) beschäftigst und dir an dieser Stelle ein Feedback von ebendiesem Menschen sehr helfen würde. Dann stellst du die Frage: Welche Stärken siehst du in mir? Und in welchen Situationen hast du sie konkret wahrgenommen? Achte darauf, dass deine Mail eher kurz gehalten ist, damit deine Empfänger:innen nicht abgeschreckt werden.

Du kannst die Übung natürlich auch telefonisch, bei einem Spaziergang oder in der Kneipe durchführen. Unserer Erfahrung nach hat die schriftliche Form jedoch den Vorteil, dass du die Antworten jederzeit noch mal im O-Ton lesen kannst. Am besten kombinierst du die schriftliche Antwort mit einem späteren persönlichen Gespräch darüber. Das tut einfach gut und stärkt nachhaltig!

Zum Abschluss halte deine wichtigsten Stärken fest. Was wurde am häufigsten genannt? Was hat dich überrascht? Worauf bist du besonders stolz? Und was willst du künftig stärker im Job leben?

Lieblingsstärken für die Hosentasche

Immer mal wieder an unsere Stärken zu denken bringt uns schon in einen optimistischeren Zustand. Und das Tolle ist: Wenn wir Zuversicht spüren und uns bewusst sind, dass wir ein paar ziemlich gute Stärken mitbringen, die uns Herausforderungen meistern lassen – dann kommen wir auf einmal auf neue Ideen, werden kreativer. Stecken wir dagegen in der Pessimismusspirale, fällt uns in der Regel gar nichts ein, was helfen könnte.

Was sonst noch geeignet ist, um unsere Kreativität zu steigern, werden wir uns in den nächsten Kapiteln ansehen. An dieser Stelle nur so viel: In einer Metastudie zum Thema Kreativität stellten Forscher:innen der Berliner Humboldt-Universität, der britischen University of Essex und der Universität Potsdam fest, dass die Persönlichkeit und die Weltsicht eines Menschen eine wichtige Voraussetzung für Kreativität seien. »Man sollte optimistisch sein, ein offenes Mindset haben und breit assoziieren können«, sagte Erstautorin Jennifer Haase.[2]

Wenn du dir also einen kleinen Zuversichtskick wünschst: Schreibe deine fünf Lieblingsstärken auf einen Zettel, steck ihn in die Hosentasche und wirf immer wieder mal einen Blick drauf. Das macht Mut, hebt die Laune und bringt so viel mehr als das Herumdoktern an Schwächen.

> ***»Ich kenne niemanden, der in irgendetwas außergewöhnlich gut wurde, indem er sich in einer Schwäche ein bisschen verbessert hat.«***
>
> Nicole Basel, Chefredakteurin »impulse«

Zum Abschluss des Kapitels gibt es wieder ein 5-Minuten-Tool. Mit minimalem Aufwand kannst du an deiner Haltung arbeiten. Das Journaling wird dir dann am meisten helfen, wenn du es mindestens einen Monat lang täglich einsetzt:

*5-Minuten-Tool: **Journaling***

Du brauchst dazu nur ein Notizbuch. Nimm dir jeden Abend fünf Minuten Zeit und beantworte mit wenigen Worten die folgenden drei Fragen:

1. Was ist heute Schönes, Gutes, Inspirierendes passiert?
2. Was war mein Anteil daran, dass das passieren konnte?
3. Welche Stärken habe ich dabei eingesetzt?

Was du als schön, gut oder inspirierend wahrnimmst, darf klein oder groß sein (ein frisches Croissant am Morgen oder ein erfolgreicher Projektabschluss). Geh gedanklich deinen ganzen Tag durch. Und verweile bei den schönen Momenten, durchlebe sie noch einmal. Erinnere dich mit allen Sinnen: Was hast du gesehen? Gehört? Geschmeckt? Gefühlt?

Am besten funktioniert das Journaling (wie jede kleine Maßnahme zur Verhaltensänderung), wenn du sie täglich einsetzt. Damit es wie Zähneputzen zur gesunden Selbstverständlichkeit für dich wird, nur eben zur Seelenhygiene. Wenn du magst, mach noch ein Spiel draus und nutze die Gewohnheitskette.

Gewohnheitskette als Challenge

Zeichne in dein Notizbuch eine Kette mit mindestens 30 Gliedern. Jedes Mal, wenn du jetzt deinen positiven Tagesrückblick durchgeführt hast, füllst du ein Glied mit einer Farbe deiner Wahl aus. Bist du am Ende angekommen, hast du die Challenge gemeistert und weißt nun sicherlich, ob das ein nützliches Tool für dich ist, mit dem du weiterarbeiten magst. Aber 30 Tage solltest du dem Journaling schon die Chance geben, seinen Nutzen zu entfalten. Überlege dir vielleicht schon vorher, was eine kleine Belohnung nach dem Bestehen der Challenge für dich sein könnte. Vielleicht ein kleiner Extraspaziergang? Ein Telefonat mit einem lieben Menschen? Ein feines Badeerlebnis mit Kerzen und Musik?
Allerdings: Die Challenge besteht darin, das auch wirklich an 30 aufeinanderfolgenden Tagen durchzuführen. Lässt du einen Tag aus, hält die Kette trotzdem noch. Bei zwei Lücken hintereinander reißt sie jedoch, und du fängst mit einer neuen wieder von vorne an.

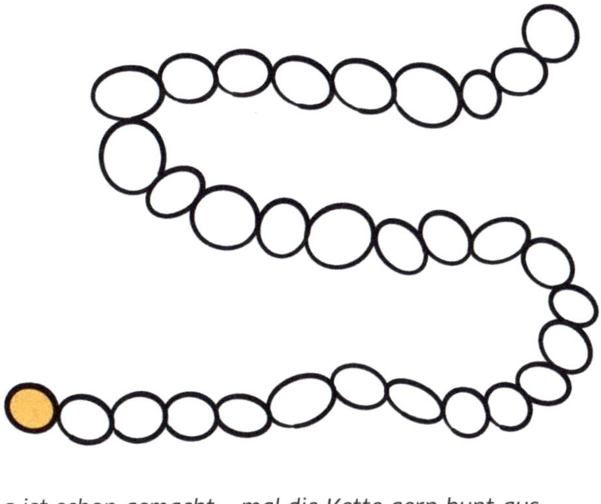

Der Anfang ist schon gemacht – mal die Kette gern bunt aus …

Was du aus Kapitel 2 zum Thema Optimismus mitnehmen kannst:

1. Unsere Denkmuster lassen sich mit kontinuierlicher Übung verändern, auch die hartnäckigen.

2. Was Optimisten und Pessimisten unterscheidet, ist nicht, wie sie ihre Gegenwart bewerten, sondern wie sie ihre Zukunft sehen.

3. Die meisten Sorgen in unserem Leben treffen gar nicht erst ein, und wenn doch, dann anders als gedacht. Mit einer optimistischeren Sicht ersparen wir uns viele Sorgen, halten damit unser Stresslevel niedrig und leben gesünder.

4. Menschen mit einem gesunden Optimismus haben auch im Berufsleben viele Vorteile: Sie führen, verhandeln und netzwerken besser und sind deshalb erfolgreicher. In schwierigen Situationen reagieren sie dazu flexibler und kreativer.

5. Wenn wir uns zu lang mit den Unzulänglichkeiten anderer Menschen befassen, werden wir immer mutloser. Wenn wir uns dagegen mit anderen darüber austauschen, welche Haltung und welche Handlungen uns helfen und was wir tun können, dann fühlen wir uns besser.

6. Optimistisches Denken macht uns kreativer und liefert uns so bessere und neue Ideen.

7. Tägliche Miniroutinen sind wichtige Bausteine zu unserem Erfolg. Du kannst sie mit einer Gewohnheitskette etablieren.

3

EIGEN VERANTWORTUNG

Wie du deine (Job-)Entwicklung selbst in die Hand nimmst

Bei Resilienz geht es um Stress, Belastungen, Krisen. Und es ist total normal und oft naheliegend, dass wir uns in solchen Situationen vor allem als eines sehen – als Opfer. Dann sind die anderen schuld, die blöde Chefin, das olle Wetter, die Politik, unser Partner oder unsere Eltern oder wer uns sonst gerade einfällt.

Nur – als Opfer kommen wir aus der Misere nicht heraus. Wir müssen schon unseren eigenen Anteil anschauen. Selbst Verantwortung übernehmen für unseren Part. Deshalb ist die Eigenverantwortung der nächste wichtige Baustein für deinen langfristigen Erfolg.

Carolin:
Mein Mann und ich sind als Studierende in Berlin lange Zeit ohne Auto wunderbar zurechtgekommen. Aber mit dem Umzug in einen äußeren Bezirk, verbunden mit viel Werkeln im neuen Zuhause, entschieden wir uns, ein gebrauchtes Auto zu kaufen. Wir hatten beide wenig Ahnung, und Onlinerecherche oder Vergleichsportale gab es noch nicht. Stattdessen stöberten wir in Anzeigenblättern und wurden schließlich fündig: ein älterer Golf, noch gut erhalten, angeboten von einem Ehepaar.

Nach der Probefahrt schlossen wir den Vertrag und dachten, nun im Besitz eines fahrtüchtigen Autos zu sein. Doch schon nach wenigen Tagen klapperte das Auto immer lauter. Eine Werkstatt stellte schließlich nicht nur einen größeren Schaden fest, sondern auch, dass der Tacho manipuliert worden war. Wir konnten allerdings nicht nachweisen, wann und von wem. Wir hatten also eine ziemliche Schrottkiste gekauft.

Mein erstes Gefühl: Ich war empört und fühlte mich hilflos, betrogen und enttäuscht. Doch je mehr ich mich in dieses Gefühl hineinsteigerte, desto schlechter ging es mir. Ein Telefonat mit meinem Vater brachte mich dann wieder auf den Boden der Tatsachen. Ich wollte eigentlich bemitleidet werden. Aber mein Vater reagierte sehr stoisch, so was passiere nun mal, es sei ja nur ein Auto, alles halb so wild. Zuerst fand ich das total daneben. Aber dann merkte ich – mit dieser Einstellung ging es mir viel besser. Ja, wir waren übers Ohr gehauen worden.

Ja, das war Pech. Aber ich hatte auch etwas dabei gelernt. Das würde mir nicht noch mal passieren.

Es gibt sie – wirkliche Opfer

Bevor wir über Eigenverantwortung sprechen, sollten wir eines klarstellen: Es gibt Situationen, da gibt es klare Täter und klare Opfer. Und in diesen Fällen von der Eigenverantwortung der Opfer zu sprechen ist eine perfide Täter-Opfer-Umkehr. Davon ist in diesem Kapitel ausdrücklich nicht die Rede.

Denn natürlich können wir Opfer von Straftaten sein, von Naturereignissen, von unglücklichen Umständen oder Zufällen. Wem in der Bahn das Portemonnaie geklaut wird, wer angerempelt wird und dabei stürzt, wer von einem Kollegen sexuell belästigt wird, ist Opfer. Und niemand sollte sich dann selbst Vorwürfe machen oder von anderen machen lassen.

Manchmal fühlen wir uns einfach so

Aber nicht immer ist es so einfach, sind die Anteile so klar verteilt. Manchmal verbocken wir es auch selbst: Wir tragen uns den Arzttermin falsch ein und sind dann empört, wenn die Sprechstundenhilfe uns nicht gleich drannehmen will. Wir packen unsere Handtasche viel zu voll und ärgern uns, dass der Riemen reißt. Wir kommen zu spät zur Haltestelle und finden den Busfahrer unmöglich, der einfach schon losfährt.

Und, na klar, es ist so viel bequemer, die Schuld für unsere kleinen und größeren Ärgernisse bei den anderen zu suchen. Dann müssen wir bei uns selbst nicht so genau hinschauen. Und können unseren eigenen Anteil unauffällig unter den Tisch fallen lassen.

Whataboutism

Eine beliebte Strategie, von der eigenen Verantwortung abzulenken, ist »Whataboutism«. Sobald der Gedanke aufkommt, man habe selbst womöglich etwas zur Situation beigetragen, zeigt man mit dem Finger auf andere. Und kann sich bequem darauf ausruhen.

Sarah ist zum Beispiel genervt von ihrem Kollegen, der die Meetings immer dominiert und 90 Prozent der Redezeit beansprucht. Auf die Frage, ob sie das einmal thematisiert hat, antwortet sie: »Das müsste ja eigentlich mein Chef machen. Und die anderen sagen ja auch nichts.« Dass ihr Schweigen dazu beiträgt, dem Kollegen so viel Raum zu geben, ist ihr nicht bewusst.

Wenn wir unser Verhalten immer nur als Reaktion sehen – nie als Ursache

Kein Mensch ist eine Insel – wir alle sind verbunden, und unsere Verhaltensweisen beeinflussen, wie andere Menschen agieren. Das lässt sich häufig auch in Teams beobachten. Die eigenen Einflussmöglichkeiten werden heruntergespielt (»Ich kann da ja allein nichts machen«), und schon wird die Verantwortung für Missstände oder Probleme weitergereicht wie der Schwarze Peter im Kartenspiel.

So weit, so bequem. Nur fühlen wir uns meist nicht gut dabei. Wer ist schon gern Opfer? Gleichzeitig richten wir uns oft in dieser Haltung ein. Und aus »Da kann ich nichts dafür« wird ein »Da kann ich nichts machen«.

Eigen-Ver-Antwort-ung

Wenn wir den Begriff »Eigenverantwortung« genauer unter die Lupe nehmen, sehen wir, dass darin zwei Worte stecken: »Eigen« – also mein, mir zugehörig, und »Antwort«. Eigenverantwortung bedeutet, dass ich selbst meine Antwort finde auf das Geschehen um mich herum.

Damit lässt sich die Eigenverantwortung auch gut von der Schuld abgrenzen. Ich kann völlig unschuldig sein an meiner Situation. Und dennoch kommt es darauf an, wie ich auf sie antworte. Das ist dann meine Verantwortung.

Nehmen wir ein **Beispiel:** Melissa arbeitet in einer PR-Agentur. Die Arbeit macht ihr Spaß, und das Team ist nett. Es ist viel zu tun, aber Melissa schafft ihr Pensum und fühlt sich gut. Dann wird eine Kollegin längerfristig krank. Und weil sie einen wichtigen Kunden gemeinsam betreut haben, liegt jetzt deutlich mehr Arbeit auf Melissas Schreibtisch. Ist sie schuld an der Situation? Natürlich nicht.

Mal angenommen, sie fühlt sich nun als Opfer. Sie beklagt sich bei ihrem Partner, wie stressig nun alles sei. Sie ist immer häufiger gereizt. Gleichzeitig fühlt sie sich gezwungen, die Aufgaben mitzuerledigen (»Ich kann ja meinen Kunden nicht hängen lassen.«). Damit steigt ihr Stressgefühl. Und je gestresster sie ist, desto gelähmter und hilfloser fühlt sie sich.

Unsere Glaubenssätze sind oft unsere stärksten Bremsen

Solange sie sich selbst nur als Opfer der Situation wahrnimmt, sieht sie keine Handlungsmöglichkeiten. »Ich kann da ja nichts machen« ist ein Satz, der typisch für diese Opferhaltung ist.

Doch wir können uns immer anders entscheiden. Und eigenverantwortlich mit der Situation umgehen. Melissa könnte also überlegen, welche Möglichkeiten sie hat. Sie könnte zum Beispiel mit ihrer Chefin sprechen und um Unterstützung bitten. Oder versuchen, Aufgaben zu reduzieren. Ist beides kurzfristig nicht möglich, könnte sie zumindest einen Ausgleich aushandeln, etwa eine Prämie.

Viktor Frankl bringt das in diesem Zitat wunderbar auf den Punkt:

»Leben heißt letztlich eben nichts anderes als: Verantwortung tragen für die rechte Beantwortung der Lebensfragen, für die Erfüllung der Aufgaben, die jedem Einzelnen das Leben stellt, für die Erfüllung der Forderung der Stunde.«

Einladung zur Selbstreflexion:

In welcher Situation hast du dich zuletzt als Opfer gefühlt? Wie ging es dir damit?

____

____

Wie war bisher deine Antwort auf die Situation? Was könntest du stattdessen tun?

____

____

Wie sind wir geprägt?

Wir alle machen tagtäglich Erfahrungen. Und unser Hirn ist schlau: Aus jeder Erfahrung lernt es für die Zukunft. Das passiert ständig, oft, ohne dass wir es merken. Das ist auch gut so. So wissen wir nach dem ersten Besuch bei dem neuen Italiener, ob uns die Pizza dort schmeckt oder nicht. Und machen das Restaurant zu unserer neuen Stammkneipe – oder kommen nie wieder.

Das Problem dabei: Unser Hirn schließt von der Vergangenheit auf die Zukunft. Dabei verallgemeinert es oft Dinge, die nur einmalige Erfahrungen sind. Womöglich war die Pizza nur ausnahmsweise verbrannt? Bei diesem Beispiel ist das nicht so gravierend. Bei anderen Erfahrungen aber schon.

Mara bekommt eine neue Chefin. Nach einem ersten, recht positiven Eindruck kritisiert diese Mara jedoch im zweiten Meeting vor allen Kolleg:innen. Maras Hirn macht daraus: Die hält nichts von mir, ich bin schlecht in meinem Job. Und so traut sie sich nicht, sich auf ein spannendes Projekt zu bewerben. Dabei will die neue Chefin womöglich einfach eine neue Fehlerkultur einführen, kommuniziert das aber nicht und geht nicht gerade geschickt an die Sache heran. Darüber reden würde helfen.

In Thorstens Abteilung wird eine Teamleiterrolle frei, die Thorsten gerne übernehmen würde. Er ist langjähriger Mitarbeiter und hat schon viele Projekte erfolgreich umgesetzt. Er ist sich sicher, dass sein Chef ihn auf dem Schirm hat und er sich nicht explizit bewerben muss. Nach einiger Zeit erfährt er allerdings, dass eine Kollegin die Stelle bekommen hat. »Die haben mich gar nicht gefragt«, beschwert er sich bei seiner Frau. Dass er selbst hätte aktiv werden können, fällt ihm erst mal nicht auf.

Aus unseren Erfahrungen werden also Denkmuster und Überzeugungen. Diese stehen uns oft genug im Weg und hindern uns daran, eigenverantwortlich zu handeln. Wir warten dann ab, blasen Trübsal und haben das Gefühl, auf der Schattenseite des Lebens zu stehen – und niemand trägt uns in die Sonne.

Carolin:
Als junge Arbeitnehmerin habe ich mich oft nicht getraut, bestimmte Dinge zu fordern (einen größeren Bildschirm, einen besseren Platz etc.). Stattdessen habe ich bescheiden genommen, was mir mein wohlwollender Chef angeboten hat. Eine Kollegin hat mir dann einmal deutlich gespiegelt, dass es auch meine eigene Verantwortung ist, für mich einzustehen. Auch mal Forderungen zu stellen. Nicht einfach alles immer hinzunehmen.

Das ist mir anfangs schwergefallen – ich musste das wirklich üben. Als Selbstständige ist das noch wichtiger geworden. Denn nun habe ich keinen wohlwollenden Chef, der darauf achtet. Diese Aufgabe – diese Verantwortung – habe ich selbst.

Unser Leben gehört uns

Auch wenn wir schon die Erfahrung gemacht haben, in einer Situation vermeintlich festzustecken: Unser Leben gehört uns. Wir können uns jeden Tag neu, anders entscheiden. Das heißt auch, dass wir diese Verantwortung an niemand anderen abgeben können.

Ist dadurch alles einfach? Nein, natürlich nicht. Manchmal können wir nur zwischen zwei Übeln entscheiden. Oder zahlen einen hohen Preis dafür, wenn wir etwas in unserem Leben ändern. Und doch gilt: Es ist unser Leben. Wir stehen am Steuerrad. Und entscheiden, in welche Richtung es geht. Dabei hatten wir noch nie so viele Möglichkeiten wie heute.

»Wir sind nicht nur dafür verantwortlich, was wir tun, sondern auch dafür, was wir nicht tun.«

Molière

Tool: Glaubenssätze bearbeiten

Oft sind es unsere Glaubenssätze, die uns am stärksten zurückhalten. Wir alle gehen mit festen Überzeugungen durchs Leben. Woher kommen sie? Teilweise haben wir sie aus unserem Umfeld, unserer Familie, aber auch unserer Kultur und Gesellschaft übernommen. Als soziale Wesen erfassen wir schon als kleine Kinder die geheimen Spielregeln und Überzeugungen unserer engsten Bezugspersonen. Je älter wir werden, desto mehr stellen wir diese infrage. Gleichzeitig entstehen neue Überzeugungen aus den Erfahrungen, die wir machen. Und wenn sie sich einmal festgesetzt haben, sucht unser Hirn nur noch nach Bestätigungen – nicht mehr nach Gegenbeweisen. Manche unserer Überzeugungen sind dabei sehr hilfreich. »Ich kann anderen Menschen vertrauen« zum Beispiel erleichtert uns das Leben. Andere hemmen uns und sorgen für Frust und Stress in unserem Leben. »Als gute Mutter muss mir das Wohl meiner Kinder wichtiger sein als mein eigenes« wäre so ein Glaubenssatz, der vielen Frauen das Leben schwermacht.

Limitierende Glaubenssätze lassen sich ändern. Dafür müssen wir sie zunächst als solche erkennen. Das ist ja oft das Vertrackte: Wir nehmen sie für bare Münze, für »die Wahrheit«.

Schauen wir uns dafür den Glaubenssatz, als Mutter müsse man die Bedürfnisse der Kinder immer über die eigenen stellen, genauer an. Dann könnte man zum Beispiel nach einem anstrengenden Arbeitstag keine Pause einlegen, sondern müsste sofort mit den Kindern spielen. Vermutlich wäre man dabei aber gestresst und genervt, denn eigentlich bräuchte man erst mal etwas Ruhe. Schon entsteht ein Opfergefühl: Keiner nimmt auf mich Rücksicht!

Wenn man diesen Glaubenssatz verändert, kann sich auch das Verhalten und Empfinden ändern, zum Beispiel mit dem Satz: »Nach der Arbeit darf ich erst für mich sorgen, damit ich danach entspannter mit den Kindern umgehen kann.«

Überlege einmal: Welcher Glaubenssatz hindert dich aktuell, Verantwortung für dich zu übernehmen? Formuliere ihn einmal aus.

Und dann überprüfe ihn:

a) Ist das wirklich wahr? Woher weiß ich das?

b) Was löst der Satz in mir aus? Wie fühle ich mich, wenn ich das denke?

c) Könnte ich das auch anders sehen? Wie? (Vielleicht kennst du jemanden, der anders handelt, dessen Handlung und Einstellung du bewunderst? Wie würde der Glaubenssatz dieser Person wohl lauten?)

d) Wie könnte ich den Satz umformulieren, damit er für mich kraftvoll und stimmig klingt?

Sage dir den Satz laut vor. Klingt er stimmig? Passt er zu dir? Probiere ruhig mehrere Formulierungen aus.

Notiere dir hier deinen neuen Satz.

Dir fällt kein limitierender Satz ein? Das ist völlig normal. Oft sind diese Überzeugungen eher ein vages Bauchgefühl, dem man nicht so leicht auf die Spur kommt. Wir haben hier für dich mal eine Übersicht von Glaubenssätzen zusammengestellt, die wir bei unseren Coachees häufig hören. Schau mal, ob du bei einem Satz in Resonanz gehst:

- Nur wenn es perfekt ist, ist es gut genug.
- Ich darf keine Schwäche zeigen, das macht mich angreifbar.
- Die Bedürfnisse der anderen gehen vor – ich bin nicht so wichtig.
- Streit und Konflikte sind bedrohlich – da schlucke ich meinen Ärger besser runter.
- Um Hilfe zu bitten ist ein Ausdruck von Schwäche.
- Nur wenn ich erschöpft oder gestresst bin, hab ich wirklich gearbeitet.
- Was leicht geht, ist nichts wert.
- Ich bin nicht gut genug – die anderen haben das nur noch nicht erkannt.
- Eigenlob stinkt – ich sollte nicht über meine Erfolge oder Kompetenzen sprechen.
- Das muss schneller gehen – ich muss alles schaffen.
- Ich bin einfach nicht kreativ.
- Ich kann XY einfach nicht!
- Ich darf anderen keine Grenzen setzen.
- Wer hoch hinauswill, kann tief fallen.
- Wenn ich fleißiger, schneller, schöner ... wäre, wäre alles gut.

Ein **Beispiel:** Simone arbeitet freiberuflich als Trainerin und Beraterin. Sie ist zwar gut ausgelastet, aber unzufrieden mit ihren niedrigen Honoraren. Ihr limitierender Glaubenssatz lautet: »Ich kann nicht mehr verlangen, sonst buchen die jemand anderen.« Wir sind diesen Satz nach dem Schema oben durchgegangen. Hier ihre Antworten:

a) Ich weiß eigentlich nicht, ob das wahr ist. Ich hab mich bisher ja nicht getraut, meine Honorare zu erhöhen.
b) Ich fühle mich klein, macht- und wertlos. Ich habe das Gefühl, festzustecken und aus der Situation nicht allein herauszukommen.
c) Wenn ich weiter für dieses niedrige Honorar arbeite, verkaufe ich mich unter Wert. Sollte wirklich ein Kunde wegen eines höheren Honorars abspringen, habe ich Kapazitäten für neue, besser zahlende Kunden.
d) Ich bringe eine gute Leistung – und darf dafür auch einen guten Preis verlangen.

Mit diesem Satz fühlt Simone sich gestärkt, in Honorarverhandlungen zu gehen – ohne schlechtes Gefühl. Damit übernimmt sie wieder selbst die Verantwortung dafür, wie viel sie verdient.

Übrigens: Glaubenssätze sind hartnäckig. Selbst mit einem neuen Satz im Gepäck wird sich der alte, so gut eingeübte Satz immer wieder melden. Das ist wie nach einem Umzug: Wenn wir nicht aufpassen, fahren wir abends wieder zur alten Wohnung, weil uns der Weg so vertraut ist. Das ist kein Grund für Selbstvorwürfe. Nimm es wahr und schenk dir ein Lächeln: Dein Glaubenssatz dreht noch eine Ehrenrunde.

Was tut mir gut?

Manchmal hält das Leben besonders schwierige oder schmerzhafte Erfahrungen für uns bereit. Gerade da verfallen wir häufig zunächst in einen Opfermodus. Doch selbst in großen Krisen hilft es, die Verantwortung für das eigene Leben anzunehmen. Ein eindrucksvolles Beispiel dafür ist Lucy Hone, eine amerikanische Resilienzforscherin, die ihre Tochter durch einen Autounfall verlor. In ihrem

Unsere Glaubenssätze sind beharrlich – nimm ihnen die Ehrenrunde nicht übel …

inspirierenden TED-Talk berichtet sie von dieser traumatischen Krisenerfahrung und benennt drei Denkgewohnheiten und Verhaltensweisen, die ihr in dieser Krise geholfen haben:[1]

1. **Shit happens:** (Ja, sie nennt das wirklich so.) Resiliente Menschen erkennen, dass Krisen, Leid und Schmerz zum Leben dazugehören. Sie fragen nicht »Wieso passiert das mir?«, sondern denken eher: »Wieso sollte das nicht mir passieren?« Wir haben diesen Aspekt schon unter Akzeptanz kennengelernt.
2. **Fokus wählen:** Resiliente Menschen richten kontinuierlich ihren Fokus auf das Gute. Sie praktizieren Dankbarkeit und unterscheiden, worauf sie Einfluss haben und worauf nicht (das Tool »Circle of Influence« aus dem zweiten Kapitel leistet hier gute Dienste). Sie sehen sich nicht als Opfer, sondern gestalten aktiv ihr Leben.
3. **Is it helping or harming?** Resiliente Menschen prüfen in akuten Krisen regelmäßig ihr Handeln: »Hilft mir das, was ich gerade tue, oder schadet es mir?« Mit dieser Frage gelingt Selbstfürsorge. Was hilft und was schadet oder belastet, beantworten resiliente Menschen individuell für sich. Sie geben sich selbst Antwort.

Zur Eigenverantwortung gehört also auch, gut für uns und unsere Bedürfnisse zu sorgen. Gerade in Krisen oder Umbruchsituationen liegt es an uns, gut auf uns zu achten. Dabei kann diese einfache Frage von Lucy Hone helfen: Tut mir das gerade gut? Oder nicht? Und danach zu entscheiden. Sie hat sich zum Beispiel – anders als ihr Mann – dagegen entschieden, den Unfallverursacher zu treffen. Sie hat erkannt, dass stundenlanges Betrachten alter Fotos sie nur unglücklich macht. Und dass auch ein vermeintlicher Trost wie ein oder zwei Gläser Wein womöglich eher schadet als nutzt.

Diese Frage können wir auch gut auf unsere berufliche Situation anwenden. Tut mir das, womit ich gerade mein Geld verdiene, gut? Oder schadet es mir eher? Fühle ich mich wohl dabei? Oder habe ich am Sonntag Magenschmerzen, weil mir vor der nächsten Arbeitswoche graust?

Wie geht's dir am Sonntagabend?

Einladung zur Selbstreflexion:

Mit welchem Gefühl blickst du am Sonntag auf die kommende Arbeitswoche?

Bist du gerne Mitglied in deinem Team?

Fühlst du dich gesehen und anerkannt?

Kannst du dich persönlich und fachlich weiterentwickeln?

Kannst du deine Stärken in deine Arbeit einbringen?

Interessiert dich dein Aufgabenbereich?

Hast du das Gefühl, mit deiner Arbeit etwas bewegen zu können?

Wie geht es dir, wenn du deine Antworten siehst? Alles gut, du bist genau am richtigen Platz? Wunderbar, dann kannst du die nächsten Seiten einfach nutzen, um deinen aktuellen Job noch attraktiver zu gestalten. Oder eher frustrierend? Dann mach dich gerne mit uns auf den Weg, herauszufinden, was besser zu dir passen könnte.

Ist das Gras jenseits des Zauns wirklich grüner?

Mehr denn je äußern Menschen den Wunsch, im Beruf ihre persönlichen Stärken und Interessen weiterentwickeln und leben zu können. In der Praxis sieht das dann laut vielen Personaler:innen so aus: »Im Jahresgespräch erzählt jemand, was er gerne mag und macht, und fragt dann: Was habt ihr dazu für mich? Am Anfang haben wir wirklich gesucht und angeboten, aber ganz oft kam dann, dass es das auch nicht so ganz wäre und ein Unternehmenswechsel vielleicht doch mehr bringe. Und weg war er.«

Diese Strategie ist auf Dauer für beide Seiten frustrierend. Die HR-Abteilungen machen immer mehr individuelle Angebote und haben damit immer mehr zu tun. Die Leute gehen trotzdem, weil das Gras auf der anderen Seite des Zauns doch grüner wirkt. Mehr Perspektive erhoffen sie sich, weniger Stress, spannendere Projekte und sympathische Kolleg:innen. Und sind nach einiger Zeit im neuen Unternehmen doch wieder nicht zufrieden, weil sie eigentlich das Gleiche machen, nur in anderer Verpackung.

Beim Job Crafting in Kapitel 2 haben wir ja schon überlegt, wie sich deine aktuellen Aufgaben anreichern oder attraktiver machen lassen.

An dieser Stelle wollen wir noch einen Schritt weiter gehen, indem du ein paar Traumjobs für dich selbst entwickeln wirst. Damit meinen wir Jobs oder Projekte, die ganz konkret zu deinen Interessen, Stärken und Lieblingstätigkeiten passen. Die es möglicherweise so noch nicht gibt. Wir machen das proaktiv und eigenverantwortlich, ohne auf Vorschläge von außen zu warten.

Wie ... selber entwickeln? Ich weiß ja nicht, was es alles gibt, denkst du jetzt vielleicht. Allerdings verändern sich unsere Berufe und Tätigkeitsbeschreibungen aktuell sehr schnell. Wenn du also Verantwortung für deine berufliche Entwicklung und die Gestaltung deines Jobs übernimmst, wirst du ein Teil der Transformation.

Dafür brauchen wir neue Strategien: Waren wir bisher auf der Suche nach einem Job, haben wir Stellenanzeigen durchforstet. Dumm nur, dass mittlerweile viele, vor allem attraktive und neue Jobs über andere Schienen besetzt werden: Am meisten läuft über Recruiter, die vielversprechende Kandidat:innen im Netz oder über ihr Netzwerk suchen, ansprechen und für ihr Unternehmen gewinnen (»active sourcing«). Wer also nur über Stellenanzeigen sucht, bekommt einen großen Teil der offenen Stellen gar nicht mit.

Wo Bewerber:innen nach Jobs suchen

Wie Arbeitgeber nach Bewerber:innen suchen

Eine ergänzende Methode auf der Suche nach dem idealen Job ist die Persönlichkeitsanalyse per Fragebogen, die uns dann die Matches mit verschiedenen Berufsbildern zeigt. Sehr praktisch (mehr dazu am Ende dieses Kapitels).

Ines:

Nach dem Abitur hatte ich keinen Plan, was ich weiter machen wollte, also kam mir ein Test ausgesprochen gelegen. Mein Ergebnis: 1. Physiotherapeutin, 2. Übersetzerin, 3. Journalistin, 4. Lehrerin, 5. Psychotherapeutin.

Auf die Ausbildung zur Physiotherapeutin hätte ich zwei Jahre warten müssen, deshalb schrieb ich mich für Übersetzungswesen in Köln ein – und fand großen Gefallen am Umgang mit der Sprache. Einen Job als Übersetzerin bekam ich dann in der Industrie und merkte schnell: Gebrauchsanweisungen und Montageanleitungen finde ich auch auf Englisch oder Französisch nur begrenzt spannend.

Als Quereinsteigerin fand ich meinen Weg in den Journalismus – bis immer mehr Magazine und Zeitungen eingestellt wurden und die Honorarsätze für freie Journalisten ein sorgenfreies Leben nahezu unmöglich machten. Weil ich zuletzt viel in Richtung Psychologie geschrieben habe, ließ ich mich als Trainerin und Coachin ausbilden.

In diesen Berufen steckt ganz viel drin von den Job-Vorschlägen 2 bis 5. Und von jeder Station habe ich Entscheidendes mitgenommen. Ich möchte keine davon missen, zumal ich mich in meinem jetzigen Job so wohl fühle. Heute würde ich allerdings planvoller vorgehen und vor allem meine aktuellen Arbeitgeber mehr einbinden. Fehlt jetzt eigentlich nur noch etwas in Richtung Physio, muss ich mal recherchieren …

Stellenanzeigen und Persönlichkeitstests können wir auch weiterhin wunderbar zu unserer Inspiration nutzen. Spannend, was da so an Aufgaben ausgeschrieben wird und was die für Kompetenzen dazu wollen. Und auch hochinteressant, wie mich ein Algorithmus als Person beurteilt. Letztendlich sollten wir diese Informationen jedoch eher als Anregungen verstehen, um dann mit anderen Methoden unsere Möglichkeiten auszuloten. Denn da gibt es so viel mehr!

Unendliche Möglichkeiten

Selten standen die Chancen so gut, seinen Traumjob zu bekommen. In den nächsten zehn Jahren werden die Babyboomer den Arbeitsmarkt verlassen. Das erweitert die Möglichkeiten für die Generationen X, Y, Z und Alpha signifikant. Der Fachkräftemangel plagt jetzt schon etliche Unternehmen; noch nie wurden jüngeren Arbeitnehmenden so viele attraktive Angebote gemacht: zu Arbeitszeiten, Flexibilität, Sabbaticals oder Teilzeitmodellen. Und die meisten Wunschberufe (auch die über Numerus-clausus-Zugang) lassen sich über verschiedene Wege erreichen. Für das Finden des Traumjobs gilt allerdings: Man muss schon wissen, was man wirklich will.

Fakt ist: Wer heute über einen Beruf nachdenkt, hat unter anderem die Wahl zwischen mehr als 300 Ausbildungsberufen und über 10 000 Bachelorstudiengängen an deutschen Hochschulen.[2] Doch obwohl Schulen und Hochschulen zunehmend Programme für Berufsorientierung anbieten, belegt eine aktuelle Studie der Bertelsmann Stiftung, dass sich 53 Prozent der Jugendlichen nur schwer in den Informationen zur Berufswahl zurechtfindet.[3]

Nicht, dass es früheren Generationen leichter gefallen wäre, sich für einen Beruf zu entscheiden. Gehörte man nicht zu den Glücklichen, die schon in der Grundschule wussten, dass sie Ärztin oder Schauspieler werden wollen, dann folgte man entweder dem mehr oder weniger drängenden Rat der Eltern, oder man fing einfach mal was an und wechselte häufiger. »Geworden« ist dann aus den meisten etwas. Trotzdem wissen wir ja, dass nur so wenige glücklich oder zumindest sehr zufrieden in ihrem Beruf sind.

Weil sich die eigene Persönlichkeit genau wie Berufsprofile mit den Jahren weiterentwickelt, sollten wir uns in regelmäßigen Abständen die Frage stellen: »Welche berufliche Tätigkeit macht mich glücklich?« Egal ob wir 25, 40 oder 55 Jahre alt sind. Bin ich noch am richtigen Platz? Oder welche Aufgabe, welcher Beruf aus dem großen Spektrum würde meinen Stärken, Bedürfnissen und Interessen mehr oder noch besser entgegenkommen?

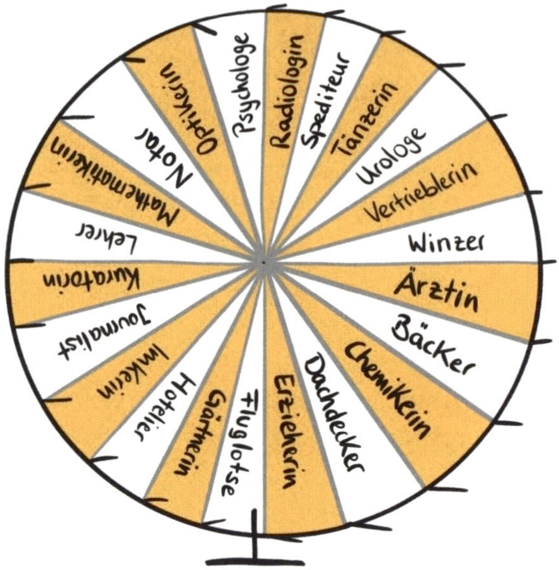

Was macht mich glücklich?

Über die richtigen Fragen zum Kern

Machen wir uns also auf den Weg, herauszufinden, was du wirklich willst.

Einladung zur Selbstreflexion:

Stelle dir in einer ruhigen halben Stunde folgende Fragen und notiere:

1. Was hast du schon als Kind gerne gespielt oder gemacht?
2. Welche Fächer mochtest du in der Schule gerne?
3. Was machst du heute gerne in deiner Freizeit?
4. Welche Tätigkeiten machen dir im Job am meisten Spaß?
5. Was machst du in deinen Urlauben am liebsten?

6. Was würdest du gerne mal ausprobieren?
7. Wenn du unbegrenzt Zeit und Geld zur Verfügung hättest: Was würdest du dann am liebsten noch lernen oder tun?
8. Wenn du einen Wunsch frei hättest: Was würdest du gerne perfekt können?
9. Wen findest du inspirierend (im Bereich Sport, Musik, Politik, Humor, Kunst ...)? Was macht er oder sie in deinen Augen besonders gut?
10. Bei welchen Themenbereichen horchst du auf (Radio oder TV), oder wo liest du nach (Social Media oder traditionelle Medien)?
11. Wenn du einen Wunsch frei hättest: Bei welchen Projekten oder Abteilungen in deinem Unternehmen würdest du gerne mitmachen?
12. Welche Bücher haben dich zuletzt inspiriert? Worum ging es da?
13. Welche Filme oder Geschichten fesseln dich besonders? Was ist da das Kernthema?
14. Welche Branchen findest du am spannendsten oder wichtigsten?

Aus all dem, was du nun aufgeschrieben hast, wähle jetzt deine fünf wichtigsten **Lieblingstätigkeiten** (also Verben, die wahrscheinlich eher als Antworten auf die Fragen 1 bis 8 auftauchten) und deine fünf stärksten **Interessen** (eher bei den Fragen 9 bis 14).

Unser Bewusstsein dafür, was wir wirklich gerne machen und was uns mehr interessiert als vieles andere, darf gerne immer weiterwachsen. Jetzt hast du die Fragen im Kopf, und wahrscheinlich wird dir in den nächsten Tagen immer wieder etwas auffallen, wo du denkst: Ach, das hätte ich auch antworten können, das finde ich auch spannend. Erweitere deine Antworten gerne immer wieder. Nichts ist hier in Stein gemeißelt, wir wollen uns ja laufend weiterentwickeln und dafür unsere Antennen ausfahren, um immer mehr über uns zu erfahren.

Als Nächstes nähern wir uns der Frage »Worin bist du richtig gut?«. Wenn wir nämlich Jobs finden wollen, die optimal zu uns passen, dann sollten wir diese Frage schlüssig beantworten können. Für uns und für andere. Im Idealfall hast du dazu schon im vorigen Kapitel mit der Stärkendusche ein paar wichtige Anregungen bekommen. Auf den nächsten Seiten lenken wir den Fokus auf deinen Anteil an allem, was gut gelaufen ist in deinem Leben. Wo du also eigenverantwortlich gehandelt hast.

Wichtige Informationen aus der Vergangenheit

Um deine Zukunft zu gestalten, lohnt sich zunächst ein gezielter Blick auf deine Vergangenheit. Allerdings ist so ein Rückblick immer eingefärbt, je nachdem, welche Brille wir aufsetzen: Die einen verklären ihre früheren Jahre und pflegen hingebungsvoll eine »Rosige Vergangenheit«-Verzerrung, oder auch kognitive Verzerrung, wie Psychologen das Phänomen nennen. Da waren große Reisen, innige Momente und bewältigte Herausforderungen einfach nur GROSSARTIG. Vergessen sind alle Selbstzweifel, Unbequemlichkeiten und Enttäuschungen. Je älter wir werden, desto schillernder werden diese Erinnerungen übrigens.

Andere wiederum blicken mit Reue und Bedauern zurück, was meist durchaus seine Berechtigung hat. Allein: Es ändert nichts mehr. Und Dauerschleifen durch Schicksalsschläge können sehr quälend sein. »Hätte«, »wäre« und »wenn« drehen sich um Dinge, die wir nicht mehr beeinflussen können.

Früher war alles viel besser!

Ach, hätte ich nur …

Nun kann niemand seine Brille einfach so abnehmen und umtauschen. Aber wir können unsere Perspektive ein Stück weit verschieben und uns bewusst anschauen, was gut gelaufen ist. Und was konkret ein Erlebnis »gut« gemacht hat. Vor allem: Wie sah unser aktiver Beitrag dazu aus, damit es so sein konnte? »Alles Zufall« oder »pures Glück«? Kann schon manchmal sein. Aber erfahrungsgemäß haben wir die Weichen gestellt und die Gelegenheiten geschaffen, damit das Glück uns finden kann.

Wie nimmst du dich wahr, wenn du auf deine Vergangenheit blickst? Als Spielball der großen Player, die über dein Schicksal entscheiden? Also als Opfer? Oder als Gestalter:in deines Schicksals mit mal mehr und mal weniger Erfolg, aber immer in der Weiterentwicklung? Auch für diesen Blick tragen wir Verantwortung. Und mit dem folgenden Tool »Sternstunden« lenken wir den Fokus auf deine Anteile an allem, was dir bisher geglückt ist.

Tool: Sternstunden (und wie du sie ermöglicht hast)

Lass uns mit den Händen arbeiten. Wenn wir schreiben, malen oder auch nur Klebezettel umhängen, werden andere Areale in unserem Gehirn aktiviert, als wenn wir reden oder in die Tastatur tippen. Allein das macht uns schon kreativer.
Für unsere Beschäftigung mit den Sternstunden sammeln wir erst mal echte Höhepunkte in deinem Leben. Notiere bitte, an was du dich wirklich gerne erinnerst, was dir gut gelungen ist, was dich vielleicht ein bisschen stolz macht. Am besten sammelst du erst mal an die zehn Sternstunden von dir und notierst sie auf einzelnen Karten oder Post-its. Das könnte in etwa so aussehen:

Jetzt suchst du dir eine dieser Sternstunden heraus, atmest noch mal tief durch, schließt vielleicht sogar die Augen und versetzt dich ganz in Ruhe in diese frühere Situation. Wie war das damals? Welche Bilder tauchen auf? Wenn du bereit bist, öffnest du wieder die Augen und beginnst zu reflektieren.

Einladung zur Selbstreflexion:

Wie war die Ausgangslage? Welche Erwartungen, Gefühle und Ängste hattest du?

Was hast du konkret gemacht, um deine Sternstunde zu ermöglichen? Welche genauen Schritte hast du unternommen, um dein Ziel zu erreichen?

Was hat in deinem Umfeld eine wichtige Rolle gespielt?

Was hast du dabei gedacht? Welche Gedanken haben dich gestärkt? Welche Gefühle haben dich begleitet?

Welche Stärken und Strategien stecken in deinem Vorgehen? Welche davon würdest du in Zukunft gerne häufiger nutzen?

Wenn du magst, führe diese Reflexion noch mit einer oder zwei weiteren Sternstunden von dir durch. Entdeckst du ein Muster? Eine Strategie, die dir schon häufiger geholfen hat? Notiere deine Gedanken dazu. Wichtig ist, ein Gefühl dafür zu bekommen, was du selbst schon erreicht hast und wie viel du durch überlegtes Handeln bewusst steuern und fördern kannst. Das vergrößert den Einfluss-Kreis deines persönlichen Circle of Influence enorm (siehe Kapitel 2)! Diese Sternstunden können zu echten Energizern in deinem Leben werden. Denn wenn du dich an frühere Erfolge erinnerst, führt dich das in eine zuversichtlichere Stimmung. Du machst es dir damit leichter, dich erneut zum Handeln zu motivieren. Nach dem Motto: Wenn ich das damals geschafft habe, dann geht das heute auch in anderen Bereichen.

Wir, wenn wir Zuversicht spüren

Übrigens: Wenn du auf der Suche nach deinen Sternstunden bist, ist es ziemlich egal, ob es sich um berufliche oder private Ereignisse handelt. Manchmal braucht es ein wenig Übung, sie überhaupt zu erkennen und vor allem den Blick für den eigenen Anteil am Gelingen zu schärfen. Aber es ist wie bei jeder Form von Training: Übung führt zur Meisterschaft. Nur wer weiß, wo seine Talente und Stärken liegen, kann diese selbstwirksam in Aktion umwandeln. Und ist damit weniger von Burn-out und Depression bedroht. Außerdem macht es einfach mehr Spaß, stärkenorientiert unterwegs zu sein!

Ein **Beispiel:** Marie ist Marketingreferentin in einem mittelständischen Unternehmen und Mutter von zwei Kindern. Der Jüngere wird bald auch nachmittags in die Kita gehen, und sie will herausfinden, was sie mit der gewonnenen Zeit künftig anfangen möchte. Konkret arbeitet sie mit ihrer Sternstunde »Studienabschluss trotz Doppelbelastung« – ihr erstes Kind war in ihren letzten beiden Semestern schon auf der Welt, und sie geriet mehrfach an ihre Grenzen.

Die Beschäftigung mit dieser Sternstunde offenbart ihr viele Stärken, unter anderem »sich auf das Wichtigste konzentrieren können«, »Zielstrebigkeit«, »Durchhaltevermögen«, »Belastbarkeit«, »Verantwortungsbereitschaft« etc. Das sind keine großen Überraschungen, diese Stärken haben sie auch im Beruf weitergebracht, und das Funktionieren in der Familie baut stark darauf. Doch es gibt eine andere Stärke, die fast untergeht in Maries Liste, die aber immer wieder ihren Blick anzieht: »Improvisationstalent«.

Sie erinnert sich. »Mit Kind kannst du eben nichts wirklich planen, ständig kommt es anders als gedacht.« Klar, das hat sie auch gestresst. Aber letztlich konnte sie alles lösen. Und das Gefühl, es mal wieder geschafft zu haben, »war unbezahlbar«. Ihr Fazit nach der Arbeit mit ihrer Sternstunde: »Ich will in Zukunft ein bisschen weniger Last in meinem Leben, dafür eine Möglichkeit, bewusst zu improvisieren.« Damit können wir gut weiterarbeiten.

Von der Magie der Ziele

Wir nähern uns dem Bereich, der ganz klar in unserer eigenen Verantwortung liegt, wenn es um unseren Job geht: Die konkrete Beschreibung dessen, was wir machen und erreichen wollen. Im Coaching erleben wir immer wieder, wie schwer das fallen kann.

Ein paar **Beispiele:** Sonja weiß genau, dass sie nie wieder in einer Behörde arbeiten möchte, wo jede noch so kleine Veränderung ein endloses Ausfüllen von Anträgen und Formularen bedeutet, um am Ende dann doch nicht möglich zu sein. Was will sie denn stattdessen? Egal, nur kein Amt. Markus will dringend das Büro verlassen, keinen Monat länger hält er es aus, nur am Schreibtisch zu sitzen. Was könnte er sonst tun? Keine Ahnung, Hauptsache, viel unterwegs sein. Und Emma will definitiv weniger Stress. Wie so ein Arbeitstag aussehen könnte? Auf jeden Fall nicht so wie jetzt.

Das sind sogenannte Weg-von-Ziele. Die kann man schon haben, aber sie können in die Irre führen. Wenn wir bei einem Navi eingeben, dass wir NICHT nach Berlin fahren möchten, kann es keine Route vorgeben (und wenn doch, wird es eher konfus). Schneller und stressfreier kommen wir an, wenn wir unser konkretes Hin-zu-Ziel benennen, selbst wenn wir dann noch ein paar schöne Kurven fahren.

Wenn wir dem Navi sagen:
NICHT nach Berlin

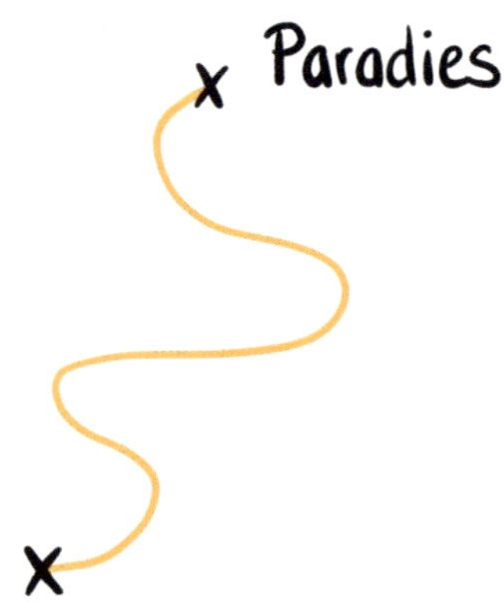

Wenn wir sagen,
wohin wir wollen

An dieser Stelle meinen wir im Job-Kontext weniger eine konkrete Stellenbeschreibung als vielmehr eine Idee, was diese Tätigkeit bewirken soll. Was wir damit in die Welt bringen möchten. Um das herauszufinden, nutzen wir jetzt unsere Intuition und gehen zusammen auf eine Traumreise.

Tool: Traumreise – Welche Spuren willst du hinterlassen?

Für die Durchführung dieser Methode hast du verschiedene Möglichkeiten. Du kannst sie über den QR-Code auf der vorderen Klappe downloaden und abspielen (circa zehn Minuten), du kannst sie aufmerksam lesen und die Inhalte aus dem Gedächtnis abrufen, oder du lässt sie dir von jemandem vorlesen, dem du vertraust und dessen Stimme dir guttut.
So oder so: Suche dir für diese Übung ein schönes ruhiges Plätzchen, an dem du eine Weile vollkommen ungestört sein kannst. Dann lass erst mal den Text auf dich wirken:

Welche Spuren willst du hinterlassen?

Setze dich ganz bequem hin, mit aufrechtem Rücken
und beiden Füßen fest auf dem Boden.
Schließe deine Augen
und atme dreimal tief durch.
Beobachte nur deinen Atem,
wie er ein- und wieder ausfließt.
Du musst nichts tun.
Werde mit jedem Ausatmen
immer ruhiger und entspannter.
Lass alle Gedanken und Vorstellungen,
die im Moment überflüssig sind,
mit dem Ausatmen los.

Nun stell dir vor, du liegst an deinem Lieblingsort.
Vielleicht im warmen Sand am Meer,
wo du feinen Sand unter deinen Händen spürst,
leise die Wellen an den Strand rollen hörst
und in der Ferne eine Möwe ruft.
Vielleicht liegst du aber auch auf einer Bergwiese,
wo zarte Grashalme deine Hände sanft kitzeln
und der Duft von Bergkräutern in deine Nase steigt.
Stell dir einen Ort vor, an dem du einfach gerne bist,
an dem es dir gut geht.

Dein Atem fließt ganz tief in deinen Bauch hinein.
Und mit jedem Atemzug entspannst du dich mehr und mehr.
Sonnenstrahlen wärmen dich,
und du gibst dich ganz diesem angenehmen Gefühl hin.

Nun setzt du dich in Gedanken allmählich auf
und schaust in die Ferne.
Stell dir vor, was du da siehst, an deinem Ort.
Nun verspürst du auch Lust, dich zu bewegen.
Langsam stehst du in Gedanken auf und blickst dich um.

Aus der Ferne kommt jemand auf dich zu.
Du gehst dieser Person entgegen und
erkennst beim Näherkommen ein Kind.
Es strahlt dich so einladend an, dass du ihm die Frage stellst,
die dich schon länger beschäftigt:
»Was ist meine Aufgabe auf dieser Welt?«

Das Kind nickt erfreut und lädt dich ein, ihm zu folgen.
»Komm, ich werde es dir zeigen!«
Es führt dich zu einem nahe gelegenen Hügel, und du siehst
einen Pfad, der nach oben führt.
Gemeinsam geht ihr diesen Weg.

Als ihr den höchsten Punkt des Hügels erreicht habt, schaust du dich
um und siehst viele, viele Menschen um den Hügel herum,
junge und alte, kleine und große, dunkelhaarige und blonde ...

Du nimmst dir ein wenig Zeit, sie bewusst anzusehen.

Einige der Gesichter erkennst du sofort wieder –
Freunde, Verwandte, Kollegen und
andere Menschen, mit denen du schon zu tun hattest, mit denen du
schon Gemeinsames erlebt hast. Andere kommen dir irgendwie
bekannt vor.
Wieder andere hast du noch nie gesehen.

»Schau dich um«, sagt das Kind. »Das sind alle Menschen, die dir je in deinem Leben begegnet sind, und alle Menschen, die dir noch begegnen werden. Sieh sie dir an.«
Und wieder nimmst du dir die Zeit, diese Menschen zu betrachten.

Dann sagt das Kind:
»Ich habe drei Fragen an dich:
Nimm dir eine Minute Zeit und überlege dir:
Was willst du diesen Menschen gerne geben?

Nimm dir eine weitere Minute und denke nach:
Welche Wirkung möchtest du auf diese Menschen haben?

Und zuletzt: Welche Spuren willst du in der Welt hinterlassen?«

Schließlich strahlt dich das Kind an, nickt dir noch einmal zu, dreht sich langsam um und geht.
Du blickst ihm nach, wie es den Hügel hinabgeht und in der weiten Ferne verschwindet.

Auch für dich ist es an der Zeit zurückzugehen,
hierher zurückzukommen, in deinem ganz eigenen Tempo.
Spüre deine Schultern und deine Arme,
kreise deine Hände,
bewege deine Füße, wackle mit den Zehen,
strecke Arme und Beine, räkle dich und öffne nun die Augen.
Atme noch mal tief durch, dann bist du zurück in der wachen Welt.

Nutze nun die nächsten Minuten, um dir ein paar Stichpunkte zu notieren. Welche Gedanken sind auf deiner Reise aufgetaucht? Was möchtest du den Menschen geben? Welchen Eindruck willst du hinterlassen, welche Spuren? Wie soll man an dich denken? Vielleicht waren das ganz einfache, kleine Dinge?

Oder eine große Idee ist dabei entstanden? Ob klein oder groß: Beides ist gut und wichtig und richtig. Notiere dir deine wichtigsten Punkte, wir brauchen sie später.

Möglicherweise liegt das, was du hier notiert hast, ziemlich weit weg von dem, was du aktuell beruflich machst. Keine Sorge. Es geht nicht darum, dein Leben von heute auf morgen auf den Kopf zu stellen. Sondern lediglich um die Überlegung, ob es sich für dich lohnen könnte, an der einen oder anderen Stelle deine Komfortzone zu verlassen, um einen für dich wichtigen Schritt zu gehen.

Ines:
Ein Teil meines heutigen Traumberufs war für mich lange Zeit unvorstellbar. Ich bin eher der Typ für »Unter vier Augen«-Situationen, dachte ich. Als Trainerin vor einer Gruppe von Menschen stehen und sprechen oder kritische Fragen beantworten – eine Horrorvorstellung. Ich war stolz darauf, mich durch mein ganzes Studium laviert zu haben, ohne ein einziges Referat halten zu müssen. Clever fand ich das.

Dann besuchte ich diese unglaublich gut gemachten Trainings, die mich inspirierten und meine Kreativität derart anregten, dass ich nur noch dachte: Das will ich auch machen! Ich will nicht mehr den ganzen Tag am Schreibtisch sitzen und schreiben, sondern andere Menschen im persönlichen Kontakt inspirieren und in ihrer Entwicklung fördern! Der Preis der schlaflosen Nächte vor meinen ersten Aufträgen und der völligen Erschöpfung danach war es mir wert.

Heute spüre ich immer noch diesen nervösen Moment, kurz bevor es losgeht. Er macht mich wach, erinnert mich daran, wie wichtig mir das ist, was wir in den nächsten Stunden und Tagen miteinander erleben werden – und ich liebe es. Es sind meine idealen Arbeitstage.

Wie sehen deine idealen Arbeitstage aus?

Um Maßnahmen zu überlegen und eigenverantwortlich Schritte einzuleiten, die das real werden lassen, was du gerne in die Welt bringen möchtest, kannst du jetzt ein Idealbild deiner Zukunft entwerfen. Also ein richtig attraktives Hin-zu-Ziel für dich. Nimm einen Stift zur Hand und beantworte die folgenden Fragen:

Einladung zur Selbstreflexion:

Stell dir vor, du könntest deinen Traumjob als Reiseziel buchen. Und wir würden dir einen Knopf geben, auf den du nur zu drücken brauchst, um dort zu sein:

Wo bist du? Wie sieht es dort konkret aus? Beschreibe das ganz genau.

____

____

Wer ist bei dir? Welche Kolleg:innen, welche Kund:innen?

____

____

Was machst du da genau? Was noch? Was noch?

____

____

Welchen Gesichtsausdruck hast du dabei? Welche Körperhaltung?

____

____

Was denkst du über dich und über das, was du machst?

Welche Gefühle begleiten dich dabei?

Welche Auswirkungen hat es auf dein Leben, wenn du eine Weile so lebst?

Welche weiteren Veränderungen könnte all das bei dir bewirken?

Und wenn du jetzt noch mal über alle deine Antworten blickst: Welche Veränderungen sind dir am wichtigsten? Welche bringen dich deinem idealen Arbeitstag wirklich näher?

Ist es dir leichtgefallen, diese Vorstellung von deinem Arbeitstag zu entwickeln? Falls du länger überlegen musstest oder noch nicht ganz zufrieden mit deinem Ergebnis bist: Macht nichts. Wir werden uns auch in den nächsten Kapiteln mit deiner idealen Zukunft beschäftigen. Jetzt hast du erst mal den Grundstein gelegt, auf dem du weiter aufbauen kannst.

Vielleicht inspirieren dich die Erkenntnisse unserer Coachees von oben:

- Sonja, die auf keinen Fall mehr in einer Behörde arbeiten wollte, definierte »etwas verändern können« als ganz wichtigen Bestandteil ihrer idealen Zukunft. Bei genauerer Betrachtung dieses Wunsches fand sie eine andere Abteilung innerhalb ihres Amtes, in der das durchaus möglich war.
- Markus, der nur noch weg vom Schreibtisch wollte, erkannte, dass alle Stellenbeschreibungen für seine Qualifikationen mit einem bestimmten Anteil an Computertätigkeiten verbunden waren. In seinem idealen Arbeitstag sah er sich mehr bei Kunden vor Ort. In der Folge sprach er mit seinem Team und tauschte ein paar Aufgaben mit Kolleg:innen, die nicht so viel reisen wollten. Sie übergaben ihm gerne ein paar Kundenbesuche und übernahmen dafür Bürojobs für ihn.
- Emma wollte weniger Stress. In ihrem idealen Alltag arbeitete sie weniger Stunden und nutzte den Vormittag, um in Ruhe Sport zu machen und einzukaufen. Ihre Lösung lag in einer kleinen Stundenreduktion mit späterem Arbeitsbeginn. Das Team ließ sich darauf ein, weil die meisten Teilzeitkolleg:innen vormittags arbeiteten – so war der Nachmittag trotzdem gesichert.

Welche kleinen Veränderungen fallen dir ein, um dein jetziges Arbeitsleben stärker in Richtung deines idealen Arbeitstages zu entwickeln? Was könntest du rein theoretisch tun, um in dein jetziges Umfeld mehr ideale Momente für dich zu integrieren?

»Ziele sind wie Lokomotiven, die Lösungen hinter sich herziehen.«

Steve de Shazer, Entwickler der lösungsfokussierten Kurzzeittherapie

Zum Abschluss dieses Kapitels möchten wir dir einen Quick-win vorschlagen, der dich – gerade beim Thema »Eigenverantwortung« – möglicherweise verwundert: Mach doch mal einen guten Persönlichkeitstest. Lass dich von Algorithmen beurteilen. Und gehe – **ganz wichtig** – mit dem Ergebnis in die Eigenverantwortung, indem du die Aussagen mit deiner Wahrnehmung abgleichst:

Mini-Tool: ***Persönlichkeitstests***

Es gibt unglaublich viele Persönlichkeitstests, manche gratis, andere zu richtig deftigen Preisen. Wir haben hier zwei für dich ausgewählt, die grundsätzlich kostenlos und unserer Meinung nach für verschiedene Aspekte gut sind. Schau einfach mal, was dich anspricht. Vielleicht hast du sogar Lust, deine Ergebnisse aus beiden Tests zu vergleichen.
Wenn du die Ergebnisse vorliegen hast, stelle dir dazu bitte folgende Fragen:

1. Was davon sehe ich genauso?
2. Was hat mich eher überrascht, oder was sehe ich weniger?
3. Welche Aspekte würde ich in Zukunft gerne mehr oder stärker einsetzen?

Der Fundierte: Persönlichkeitsstärken
Die Universität Zürich hat die ersten Versionen dieses Tests bereits vor rund 20 Jahren am Lehrstuhl für Persönlichkeitspsychologie und Diagnostik entwickelt und seitdem immer wieder angepasst. Er basiert auf Erkenntnissen aus der positiven Psychologie und erfasst Themen, die im Privaten wie im Beruflichen wichtige Voraussetzungen für ein erfülltes Leben sind. Das Ausfüllen dauert circa 30 Minuten (230 Fragen) – das ist nicht wirklich »mini«, aber wenn du einmal das Ergebnis mit deiner eigenen Wahrnehmung abgeglichen und deine wichtigsten Aspekte für deine Zukunft herausgepickt hast, kannst du bei jeder zukünftigen Entscheidung prüfen: Passt es zu dem, wie ich leben will? Je häu-

figer du das machst, desto schneller wird es dir gelingen, gute Entscheidungen für dich zu treffen und stärkenorientiert zu leben: https://persoenlichkeitsstaerken.ch/

Der Unterhaltsame: 16 Personalities

Dieser Test wurde in seinen Grundzügen (Myers-Briggs-Typenindikator) bereits 1945 von der Amerikanerin Katherine Cook Briggs mit ihrer Tochter Isabel Briggs Myers entwickelt und basiert grob auf den Theorien von Carl Gustav Jung. Dass er heute auf Social Media so boomt, könnte mit dieser charmanten Testversion zusammenhängen. Wie der Name schon sagt, wird man durch das Beantworten von 60 Fragen in einen von 16 Typen eingeteilt. Das ist nah dran an der Anzahl der Sternzeichen – und wird auch von Wissenschaftlern in dieser Ecke einsortiert. Er macht aber Spaß und kann trotzdem Einsichten fördern: https://www.16personalities.com/de

Was du aus Kapitel 3 zum Thema Eigenverantwortung mitnehmen kannst:

1. In der Opferhaltung kommen wir aus unseren Problemen nicht heraus. Wir können aber unseren eigenen Anteil anschauen und selbst Verantwortung übernehmen.

2. Unser Leben gehört uns, wir können uns jeden Tag anders entscheiden. Das heißt auch, dass wir diese Verantwortung an niemand anderen abgeben sollten.

3. Unsere Prägungen können wir verändern, wenn wir das wollen, indem wir unsere Glaubenssätze Schritt für Schritt hilfreicher formulieren.

4. Zur Eigenverantwortung gehört auch, gut für uns und unsere Bedürfnisse zu sorgen und auf uns zu achten. Im Hinblick auf unseren Job sollten wir uns ebenfalls immer wieder fragen: Tut mir das gerade gut oder nicht?

5. Das Erinnern an frühere Erfolge führt uns in einen zuversichtlicheren Zustand. Und das Erkennen unseres Beitrags zeigt, dass wir früher schon selbstverantwortlich gehandelt haben und es wieder tun können.

6. Ohne klares Ziel vor Augen können wir die Route nicht finden. Unsere Intuition liefert uns zum Beispiel über Traumreisen wichtige Erkenntnisse über unsere Ziele. Damit können wir unseren idealen Alltag besser definieren.

7. Auch automatisierte Persönlichkeitstests liefern wertvolle Einsichten, wenn wir die Ergebnisse anschließend einem Realitäts-Check unterziehen. Dann bieten sie sogar gute Entscheidungsgrundlagen.

4

SELBST WIRKSAMKEIT

Wie du deine Möglichkeiten erweiterst

Neben dem Optimismus ist es der am besten erforschte Baustein der Resilienz: unsere Selbstwirksamkeit (und die Selbstwirksamkeitserwartung). Was ist das? Sind wir in einer Krisensituation, reicht es nicht, wenn wir eigenverantwortlich handeln wollen. Wir brauchen auch das Vertrauen darauf, dass wir mit unserem Handeln etwas für uns bewirken können. Und dieses Vertrauen festigt sich – mit jeder Wirksamkeitserfahrung.

Carolin:
Die Corona-Pandemie war auch für freiberufliche Trainer:innen eine herausfordernde Zeit. Anfang März 2020 war mein Auftragsbuch für das Jahr noch gut gefüllt. Zwei Wochen später waren alle Trainings für die nächsten Monate abgesagt – ich stand ohne Aufträge da.

Mir hat es geholfen, in dieser Zeit schnell etwas zu tun, um meine Situation zu verbessern. Bis dahin hatte ich ausschließlich in Präsenz trainiert, und ich kannte mich überhaupt nicht aus mit Videokonferenzen, Online-Tools und digitalem Trainingsmaterial. Deshalb habe ich gleich angefangen, mich hier weiterzubilden, habe Trainings besucht, viel gelesen und recherchiert, mich mit Kolleg:innen ausgetauscht und Tools ausprobiert.

Natürlich war dadurch nicht gleich alles prima. Aber ich hatte das Gefühl, für mich selbst wirksam sein zu können. Das hat mir in den ersten Monaten sehr geholfen.

Ich kann mir selbst helfen

Die Selbstwirksamkeitserwartung entsteht schon in früher Kindheit. Haben uns unsere Eltern zugetraut, dass wir kleinere und größere Hindernisse selbst bewältigen? Oder wurde uns alles abgenommen? Vermutlich sogar in guter Absicht. Doch die Botschaft dahinter ist: Du kannst das nicht. Doch Kinder wollen eigene Erfahrungen machen, brauchen das zu ihrer gesunden Entwicklung. Eines der häufigsten ersten Wörter von Kindern ist »selber«. »Selber« die Jacke zuknöpfen, »selber« das Brot schmieren …

Bekommen wir regelmäßig die Gelegenheit, selbst etwas für uns zu lösen oder zu erreichen, dann entsteht langsam das Gefühl in uns: Ich kann was. Auf mich ist Verlass. Wenn ich mich anstrenge, erreiche ich auch etwas. Und aus diesen positiven Erfahrungen der Vergangenheit wird eine Erwartung für die Zukunft. Wir gehen dann davon aus, dass unser Handeln Früchte trägt – dass wir etwas bewirken können. Wir haben eine Selbstwirksamkeitserwartung entwickelt.

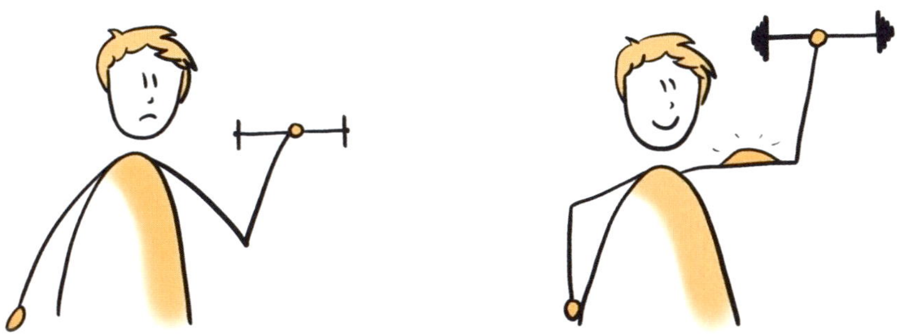

Zuerst scheint uns schon das Leichte schwer, mit Übung wird auch das Schwere leichter

Und wenn nicht?

Aber nicht bei allen Menschen läuft das so ideal. Nicht nur unsere Eltern, auch unser weiteres Umfeld prägt uns – und unser Temperament, unser Naturell spielt eine Rolle dabei, wie wagemutig wir durchs Leben geben.

»Das habe ich noch nie vorher versucht, also bin ich völlig sicher, dass ich es schaffe.«

Pipi Langstrumpf

Doch egal, wo wir starten – die Selbstwirksamkeitserwartung lässt sich trainieren. Es ist ein bisschen wie im Sport. Wir haben nicht alle das Potenzial, Olympiasieger:in zu werden. Das müssen wir auch nicht. Aber es ist egal, wie sportlich wir sind: Wenn wir etwas für unsere Fitness tun wollen, können wir damit anfangen, die Treppe statt des Fahrstuhls zu nehmen. Mit dem Fahrrad statt dem Bus zu fahren. Wenn wir das regelmäßig tun, stärken wir unsere Muskeln. Wir werden fitter.

Und genauso funktioniert es für unsere Wirksamkeit. Was auch immer uns die Lotterie des Lebens als Startpunkt gegeben hat – wir haben es in der Hand vorwärtszukommen.

Dafür braucht es nicht immer den ganz großen Sprung. Auch kleinere, regelmäßige Erfahrungen stärken uns. Was das sein kann? Alles, vor dem wir instinktiv etwas zurückzucken. Im Teammeeting mal als Erste etwas sagen. Sich in der Mittagspause allein in ein Café setzen. Jemand Fremdem ein Kompliment machen …

Einladung zur Selbstreflexion:

Wenn du an deinen Alltag denkst, was traust du dir nicht ohne Weiteres zu? Es sollten Dinge sein, die dir zwar machbar, aber auch etwas herausfordernd erscheinen (auf einer Skala von 1–10, wie schwer dir das fallen würde, gern etwas zwischen 3–6). Notiere dir drei Dinge davon und mach dir konkrete Termine, wann du sie ausprobieren willst. Fang mit dem Leichtesten an.

Dir fällt nichts ein? Dann such dir doch hier etwas aus, was dich anspricht:

- Jemanden in der U-Bahn anlächeln
- In deinem Lieblingsrestaurant etwas ganz anderes als sonst bestellen
- Mit einem Fremden ein Gespräch führen (zum Beispiel im Supermarkt)
- In einem Hochseilgarten klettern gehen
- Deinem Chef eine neue Idee vorschlagen

- Auf LinkedIn einen Beitrag posten
- In einem fremden Stadtteil ohne Handy spazieren gehen
- Einen Meditationskurs besuchen
- Dir ein paar Strümpfe stricken

Ist gar nicht schlimm

Natürlich hängen wir alle an unseren Gewohnheiten. Fühlen uns wohl in unserer Routine. Und dagegen ist auch nichts einzuwenden. Wie ein entspannter Abend auf der Couch mit unserer Lieblingsserie – manchmal brauchen wir genau das. Doch für unsere Wirksamkeit sollten wir auch raus, ins Leben. Mal etwas riskieren. Wenn wir dabei mit kleineren Abenteuern anfangen, lernen wir: Ich kann das. Es passiert nichts Schlimmes. Und nach und nach werden wir sicherer und wagen uns auch an größere Schritte. Schließlich schaffen wir Dinge, die wir uns selbst früher nicht zugetraut hätten.

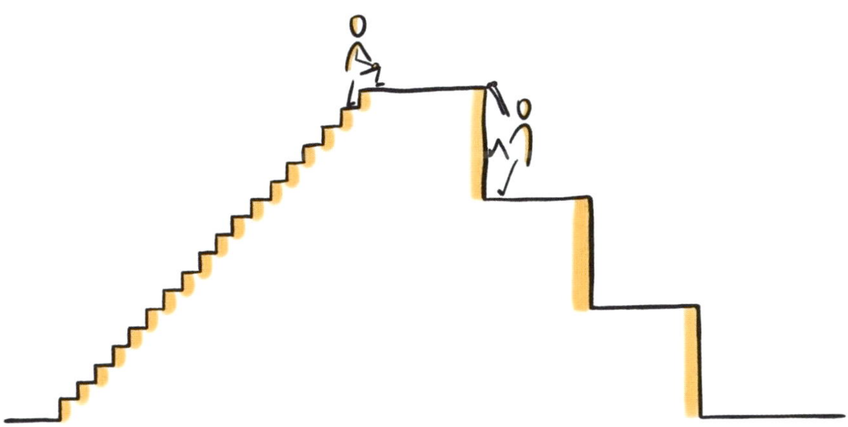

Es muss nicht immer der große Schritt sein. Auch kleine Stufen führen uns nach oben

Bitte nicht behüten lassen

Es gibt Bereiche in unserem Leben, da fühlen wir uns schon kompetent, da vertrauen wir uns und finden Lösungen. Unsere Selbstwirksamkeitserwartung ist dort also schon ausgeprägt. Und das ist auch gut so. Trotzdem haben die meisten von uns Lebensbereiche, vor denen wir gern elegant ausweichen. Meistens haben wir auch freundliche Kompliz:innen dafür. Ärger mit dem Finanzamt? Das soll bitte der Partner übernehmen. Eine Präsentation vor dem Projektteam halten? Das liegt der Kollegin doch viel mehr. Sich im Restaurant beschweren, weil die Pizza verbrannt ist? Würdest du das vielleicht …?

Natürlich müssen wir nicht alle alles gleich gut können. Und oft macht es Sinn, sich auf seine eigenen Stärken zu fokussieren. Aber wir sollten es uns auch nicht zu leicht machen. Warum nicht die anderen nur um Unterstützung bitten, statt es gleich ganz an sie abzugeben? Hilfe zur Selbsthilfe statt geschickten Vermeidens. Das mag sich im ersten Moment unangenehmer anfühlen. Bringt uns aber langfristig weiter.

Je mehr wir an unsere Fähigkeiten glauben, je mehr wir unsere Stärken kennen, desto eher glauben wir auch in ungewohnten Situationen, dass wir etwas bewirken können. Dafür ist es gut, sich unterschiedlichen Herausforderungen zu stellen. Eine neue Sportart anfangen. Ein fremdes Land bereisen, dessen Sprache man nicht spricht. In eine andere Stadt ziehen. Einen Job annehmen, der andere Fähigkeiten verlangt als der bisherige. Je vielfältiger unsere Erfolgserlebnisse, desto tiefer wird unsere Wirksamkeitserfahrung.

Carolin:
Ich habe meinen Führerschein mit 18 gemacht, als ich noch bei meinen Eltern gewohnt habe. Dann bin ich mit 19 zum Studium nach Berlin gezogen und hatte jahrelang kein Auto. Als mein Mann und ich uns später ein Auto gekauft haben, bin ich anfangs nie selbst gefahren – der Berliner Verkehr hat mich total überfordert. Allerdings wollte ich auch nicht davon abhängig sein, dass mein Mann

fährt. Also hab ich mich überwunden. Erst zu sehr kurzen, vertrauten Strecken. Dann auch zu längeren Fahrten. Und mittlerweile macht es mir überhaupt nichts mehr aus.

Einladung zur Selbstreflexion:

Was überlässt du bisher ganz gern anderen?

Was davon könntest du selbst mal ausprobieren?

Wer oder was könnte dich dabei unterstützen?

Nachdenken zählt nicht

Handeln stärkt unsere Selbstwirksamkeit. Aber was ist mit dem Nachdenken? Der Reflexion? Dem sorgfältigen Abwägen? Hilft uns das auch, wirksam zu werden? Eher nein.

Ja, wir brauchen oft etwas Abstand, um eine Lösung zu finden. Wer seinen Job verloren hat, der darf sich die Zeit nehmen, in Ruhe zu überlegen, was denn ein künftiger Job bieten müsste. Nur wenn das Grübeln zur Ersatzhandlung verkommt, wird es schwierig. Denn letztlich betrügen wir uns damit selbst: Wir reden uns ein, wir würden ja schon etwas tun (nämlich nachdenken). Nur werden wir damit nicht fertig. Und bringen uns so um die Erfahrung der Wirksamkeit. Die einzige Wirkung ist nämlich die, dass Zeit vergeht.

So ging es auch unserem Coachee Lukas. Er war in seinem Job unzufrieden, die Aufgaben machten ihm keinen Spaß, und er sah auch keine Perspektive für sich. Als er zu uns kam, hatte er schon sehr viel recherchiert, sich Firmenwebseiten angeschaut, Stellenanzeigen durchforstet. Er hatte Bewerbungsfotos machen lassen und seinen Lebenslauf mehrfach überarbeitet. Als Nächstes wollte er ein Visionboard für seine Laufbahn erstellen. Nur eines tat er nicht – sich auf konkrete Stellen bewerben. Immer fand er etwas, was noch nicht klar war, noch nicht genug durchdacht. Immer noch ein Gespräch, das er erst noch führen wollte, ein Feedback, das noch fehlte. Er hielt sich beschäftigt – aber kam nicht ins Handeln.

Das Fatale dabei: Ohne es zu merken, schwächen wir so unsere Selbstwirksamkeit. Denn unser Tun führt ja zu keinem Ergebnis. Und damit können wir uns auch nicht als wirksam erleben. Wir sind gefangen im Hamsterrad unseres Grübelns: Wir strampeln und strampeln, aber wir kommen nicht vom Fleck. Und irgendwann sind wir so erschöpft, dass wir für den ersten konkreten Schritt keine Energie mehr haben.

Mit Grübeln lässt sich viel Zeit verbringen

Einladung zur Selbstreflexion:

Worüber grübelst du schon länger, ohne bisher konkrete Schritte unternommen zu haben?

Was könnte ein erster konkreter Schritt sein?

Nichts tun ist okay – wenn wir es bewusst tun

Müssen wir immer sofort handeln? Alles in Angriff nehmen, uns keine Pause gönnen, damit wir ständig wirksam sind? Das wäre ein fatales Missverständnis. Denn auch Entspannung und Erholung sind Wirkungen – und auch die können wir bewusst erzeugen.

Dafür ist es hilfreich zu wissen, was uns guttut. Das ist nämlich sehr unterschiedlich. Wo der eine dabei entspannt, einen inspirierenden Podcast zu hören, braucht die andere eher Momente der Stille. Und natürlich ist es auch abhängig von der Tagesform und unserem Alltag: Wer den ganzen Tag vor dem Rechner saß, braucht abends eher Bewegung – am besten an der frischen Luft. Wer hingegen den ganzen Tag auf den Beinen war, sich kaum einmal setzen konnte, für den ist die Badewanne womöglich verlockender. Und was wirkt bei allen? Eine bewusste Atmung.

Carolin:
Ich bin mit unhandlichem, schwerem Gepäck unterwegs zu meinen Trainings und fahre daher häufig mit dem Taxi vom Hotel zum Bahnhof. Einmal war ich schon etwas knapp dran – und das Taxi geriet in einen Stau. Mein Ticket war nur für einen bestimmten Zug gültig, und so fing ich an, minütlich bei Google Maps die voraussichtliche Fahrtzeit zu checken. Dadurch wurde ich allerdings immer nervöser. Schließlich wurde mir die Idiotie bewusst – mein Checken änderte ja überhaupt nichts an dem Stau. Also steckte ich das Handy weg und konzentrierte mich auf meinen Atem. Es ging mir sofort besser.

Am Ende habe ich den Zug mit Ach und Krach (und Rennen 😊) noch bekommen. Manchmal kann Selbstwirksamkeit auch bedeuten, effektive Strategien zu haben, um sich selbst in Stresssituationen bewusst entspannen zu können. Und die Bahn gibt mir zum Glück regelmäßig Anlass zum Üben.

Probier das doch gleich mal aus und erlebe, wie du auf deinen Körper einwirken kannst.

Tool: ***Der physiologische Seufzer***

Wenn unser Körper auf Stress reagiert, setzen viele Reaktionen automatisch ein, ohne dass wir sie steuern können: Hormone werden ausgeschüttet, der Herzschlag wird schneller, wir fangen an zu schwitzen … Was wir aber steuern können, und was direkt zurückwirkt auf unser Stresssystem, ist unsere Atmung.

Als besonders wirkungsvoll, um uns zu beruhigen, hat sich der »physiologische Seufzer« herausgestellt. Kinder scheinen das intuitiv zu wissen, denn sie schluchzen so. Wie funktioniert dieser Seufzer nun?

Man atmet ein – und dann erneut ein, ohne dazwischen auszuatmen. Dann erst atmet man langsam aus. Wenn man das einige Male wiederholt, sinkt automatisch unser Stresslevel. Wir können also unser Empfinden sofort beeinflussen.

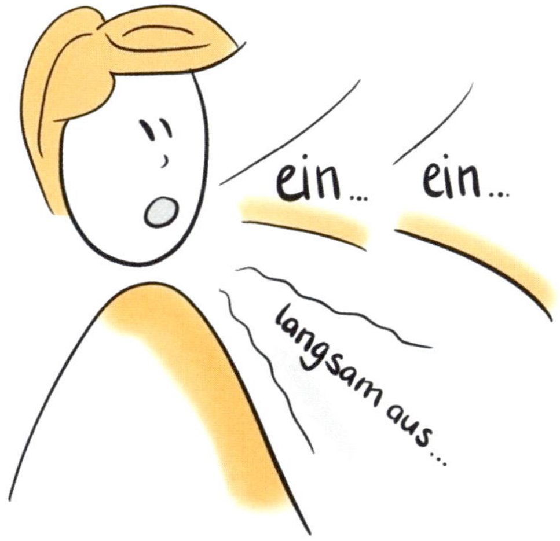

Physiologisch seufzen: zweimal einatmen, einmal ausatmen

Spür mal in dich hinein: Was verändert sich dabei? In deiner Körperhaltung? An deinem Herzschlag? In deinem Empfinden?

Wirksam für uns sorgen

Gerade in Krisen, in stressigen Situationen oder beruflichen Umbrüchen müssen wir uns selbst gut im Blick behalten. Wo stehe ich gerade? Wie geht's mir eigentlich? Was brauche ich, was tut mir jetzt gut? Auch wenn wir unsere Bedürfnisse befriedigen, schaffen wir Selbstwirksamkeit.

Die Bedürfnisse unseres Körpers kennen wir gut: Wir alle haben Hunger oder Durst, wir brauchen Sauerstoff und Schlaf (und noch einiges mehr). Was uns häufig weniger bewusst ist: Wir haben auch alle mehrere psychologische Grundbedürfnisse. Wenn eines oder mehrere dabei über einen längeren Zeitraum nicht befriedigt werden, geht es uns schlecht. Nur sind die Signale nicht so leicht zu deuten wie beim Durst. Es ist also wichtig, dass wir unsere Bedürfnisse kennen – und wie wir sie stillen können.

Was brauchen wir?

Zu der Frage, was unsere Bedürfnisse genau sind, gibt es viele Antworten und Modelle. Drei Bedürfnisse gelten dabei als zentral. Hier eine Übersicht:

Bedürfnis	Was brauchen wir?	Und wenn es fehlt?
Autonomie	Die Freiheit, für uns selbst entscheiden zu können (Autor:innen unseres Lebens zu sein), in Einklang mit unseren Werten zu handeln, selbstbestimmt agieren zu können	Fühlen wir uns fremdbestimmt, abhängig und gefangen
Bindung/ Zugehörigkeit	Tiefgehende emotionale Beziehungen mit uns wichtigen Menschen, Gefühl von Zugehörigkeit, Fürsorge zu erleben und zu geben	Fühlen wir uns einsam, isoliert und ausgegrenzt
Kompetenz	Wir wollen uns selbst als kompetent ansehen und uns als wirksam empfinden, wollen wachsen und uns entfalten können, brauchen dabei auch wertschätzende Rückmeldungen	Fühlen wir uns minderwertig, beschämt, ungeliebt, wertlos, hilflos

Dabei ist es wichtig zu verstehen, dass alle Menschen diese Bedürfnisse haben – dass sie aber je nach Persönlichkeit und nach Situation oft unterschiedlich stark ausgeprägt sind. Wir können regelmäßig prüfen, wie es um unsere Bedürfnisse steht. Dabei geht es nicht darum, immer alles maximal zu erfüllen. Wir essen ja auch nicht immer, so viel wir können – sondern so viel, wie wir gerade brauchen. Mit den Bedürfnissen ist es ähnlich. Wir schauen, was wir gerade besonders brauchen, und können dort wirksam eingreifen.

Wie lässt sich ein solcher Bedürfnis-Check machen? Wir haben ein einfaches Tool für dich.

Tool: ***Die Bedürfnisgläser***

Mit diesem Tool kannst du schauen, wie deine Bedürfnisse aktuell erfüllt werden und was du dir künftig wünschst. Stell dir vor, du hättest für diese drei Bedürfnisse drei Gläser. Nun schau auf deine aktuelle Situation und überlege, wie sehr diese Gläser gerade gefüllt sind. Du kannst dabei auf dein Leben allgemein blicken oder auch auf spezifische Bereiche deines Lebens, zum Beispiel auf deine berufliche Situation.
Zeichne den Füllstand ein. Und dann schau auch gern, wo deine ideale Füllung wäre. Nicht immer brauchen wir das Glas randvoll. Welches Glas ist gerade gut gefüllt? Wo ist die Lücke zu deinem Wunsch-Füllstand groß? Wo fehlt dir etwas? Oder wo dürfte es auch etwas weniger sein?

Autonomie Bindung/Zugehörigkeit Kompetenz

Unterschiedliche berufliche Situationen bringen dabei häufig eine bestimmte Füllmenge mit sich. Wer sich für die Selbstständigkeit entscheidet, der hat vermutlich ein volles Glas Autonomie, vermisst aber in seinem Homeoffice den Austausch mit anderen – sein Bindungsglas ist deutlich leerer. Wer sein Kompetenzbedürfnis erfüllt, weil er sich eine Beförderung erarbeitet, muss als »Sandwich«-Führungskraft womöglich mehr Vorgaben erfüllen und fühlt sich (paradoxerweise) weniger autonom als in seinem vorherigen Job. Zwischen den Gläsern gibt es also durchaus auch Wechselwirkungen.

Einladung zur Selbstreflexion:

Wenn du deine Gläser betrachtest, was fällt dir auf?

Bei welchem Glas ist der Unterschied zwischen deinem aktuellen Erleben und deiner Wunsch-Füllung besonders groß?

Wie könntest du den Gap verkleinern? Kurzfristig?

Und was könntest du langfristig tun, um das Glas zu füllen?

Übrigens: Gerade wenn du viel remote arbeitest, kann dein Bindungsglas sich leer anfühlen, obwohl du Teil eines Teams bist. Kacheln auf dem Bildschirm schaffen viel weniger Nähe als ein Plausch in der Kaffeeküche. Kurzfristig kann es dann helfen, mit Check-ins auch Persönliches zu teilen und den Austausch zu vertiefen. Dennoch solltest du darauf achten, deine Kolleg:innen auch regelmäßig persönlich vor Ort zu sehen.

Carolin:

Als Selbstständige war mein Bindungsglas in der Pandemie auch eher leer, zumindest im beruflichen Kontext. Da hat es mir sehr gutgetan, mich mit einigen anderen Selbstständigen aus meinem Netzwerk regelmäßig auszutauschen. Wir haben uns gegenseitig Tipps gegeben, gemeinsam Online-Tools ausprobiert oder uns einfach nur zu einem virtuellen Kaffee in Zoom getroffen. Gerade in Krisen – das habe ich daraus gelernt – müssen wir unsere Bedürfnisse gut im Blick haben. Sonst rutschen wir schnell in einen Zustand, in dem wir immer mut- und kraftloser werden.

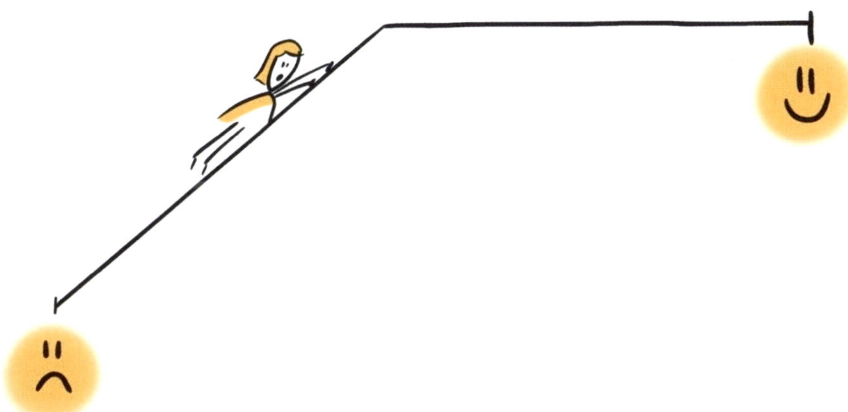

Wir rutschen schnell in die Resignation, wenn wir uns nicht als wirksam erleben

Besonders wirksam mit unseren Stärken

Ja, wir sollten immer mal wieder Neues ausprobieren, um unsere Selbstwirksamkeit zu stärken. In akuten Krisensituationen ist es dennoch sinnvoller, die eigenen Stärken zu nutzen. Wieso? Weil wir dabei schon Selbstvertrauen und Leichtigkeit besitzen. Klingt logisch, oder? Der Haken daran: Viele Menschen kennen ihre Stärken überhaupt nicht.

Wie sieht es bei dir aus? Kannst du ad hoc deine größten Stärken nennen? Falls ja – wunderbar (du hast sie womöglich beim Tool

Stärkendusche in Kapitel 3 kennengelernt oder bereits den Test im letzten Kapitel gemacht). Falls nein, dann hol das doch jetzt nach. Hier noch einmal der Link: www.persoenlichkeitsstaerken.ch

In dem Test geht es nicht um konkrete Fähigkeiten, sondern um unsere Charakterstärken. Verschiedene Forscher:innen der Positiven Psychologie haben in einem mehrjährigen Prozess 24 Stärken ermittelt, die kultur- und zeitübergreifend besonders hoch geschätzt werden. Diese haben sie sechs Tugenden zugeordnet.
Hier eine Übersicht:

Weisheit und Wissen **(kognitive Stärken zum Erwerb und Gebrauch von Wissen)**	
Kreativität	Neue oder effektive Wege finden, Dinge zu tun
Neugier	Interesse an der Welt und den Menschen um uns herum
Urteilsvermögen	Dinge durchdenken, von verschiedenen Seiten betrachten
Liebe zum Lernen	Neues Wissen aneignen, neue Techniken erlernen
Weisheit	Anderen Menschen guten Rat geben können

Menschlichkeit **(interpersonale Stärken ermöglichen menschliche Interaktionen)**	
Freundlichkeit	Anderen Gefallen tun, gute Taten vollbringen
Bindungsfähigkeit	Menschliche Nähe herstellen können und schätzen
Soziale Intelligenz	Sich der Motive und Gefühle von sich und anderen bewusst sein

Mäßigung (Stärken, die Exzessen entgegenwirken)	
Vergebungsbereitschaft	Denen vergeben, die (uns oder anderen) Unrecht getan haben
Bescheidenheit	Das Erreichte für sich sprechen lassen
Vorsicht	Nichts tun oder sagen, was später bereut werden könnte
Selbstregulation	Regulieren, was man tut und fühlt

Mut (emotionale Stärken, mit denen man interne und externe Barrieren überwindet)	
Tapferkeit	Sich Bedrohungen oder Schmerz nicht leichtfertig beugen
Ausdauer	Beendigen, was man begonnen hat
Authentizität	Die Wahrheit sagen und sich natürlich geben
Enthusiasmus	Der Welt mit Begeisterung und Energie begegnen

Gerechtigkeit (Stärken für das Gemeinwesen)	
Fairness	Alle Menschen nach Prinzipien Gleichheit und Gerechtigkeit behandeln
Führungsvermögen	Gruppenaktivitäten organisieren und ermöglichen
Teamwork	Gut als Mitglied eines Teams arbeiten

Transzendenz (Stärken, die Sinn stiften und das große Ganze erfahrbar machen)	
Sinn für das Schöne	Schönheit in ihren verschiedenen Formen schätzen
Dankbarkeit	Sich der guten Dinge im Leben bewusst sein und sie zu schätzen wissen
Hoffnung	Bewusst das Gute erwarten und daran arbeiten, es zu erreichen
Humor	Humor schätzen und fördern, Menschen gern zum Lachen bringen
Spiritualität	Kohärente Überzeugungen über einen höheren Sinn des Lebens haben, Verbindung mit »etwas Größerem« kultivieren

Wir alle haben einige wenige Stärken, die besonders ausgeprägt sind, auch Signaturstärken genannt. Wenn wir diese regelmäßig einsetzen, fühlen wir uns besonders wirksam und zufrieden. Deshalb bringt es uns mehr, unsere Signaturstärken weiter auszubauen, als an den schwächeren Stärken anzusetzen. Schneidest du zum Beispiel beim Humor nicht so gut ab, kannst du natürlich versuchen, humorvoller durchs Leben zu gehen und andere zum Lachen zu bringen. Zum großen Entertainer wirst du vermutlich dennoch nicht. Und noch etwas ist wichtig: Bei niemandem sind alle Stärken stark ausgeprägt. Wenn du dich auf einige wenige konzentrierst, wirst du andere automatisch vernachlässigen. Und das ist völlig in Ordnung so.

Carolin:
Meine Signaturstärken sind Liebe zum Lernen, Freundlichkeit und Hoffnung. Die Liebe zum Lernen ist mein All-Time-Favorit. Ich lese mich sehr gern in neue Themen ein, höre Fachvorträge, schaue TED-Talks und gehe regelmäßig zu Weiterbildungen. Ich liebe das einfach. Als Trainerin kann ich diese Stärke wunderbar ausleben, indem ich in meinen Fachgebieten auf dem neuesten Stand bleibe und mir gleichzeitig immer wieder neue Themen erschließe.

Bei der Freundlichkeit, einer Stärke, die ich auch gern auslebe, habe ich gelernt, dass es hier auch ein »Zuviel« gibt. Denn manchmal hat meine Freundlichkeit dazu geführt, dass ich mich selbst nicht gut vertreten habe, zum Beispiel bei Verhandlungen. Deshalb sollten wir Stärken nie verabsolutieren.

Eine bei mir eher schwach ausgeprägte Stärke ist die Vorsicht. Und das passt auch, weil ich ja als Optimistin (mit ausgeprägter Stärke »Hoffnung«) sowieso davon ausgehe, dass immer alles glattgeht. Manchmal »zwinge« ich mich zu etwas Vorsicht, aber so richtig leicht fällt mir das nie.

Einladung zur Selbstreflexion:

Welches sind deine drei Signaturstärken?

____

Wo nutzt du diese Stärken bereits? Und wie könntest du sie noch nutzen? Hast du zum Beispiel einen Sinn für das Schöne und dekorierst gern deine Wohnung? Dann könntest du überlegen, wie du diesen Sinn auch beruflich einsetzen könntest (Stichwort moderne Bürokonzepte und Arbeitsplatzgestaltung). Oder bei einem Hobby, einem Ehrenamt etc.

1. Stärke: ______________________________

____

2. Stärke: ______________________________

____

3. Stärke: ______________________________

____

Es gibt übrigens keine Rangfolge bei den Charakterstärken, die eine ist nicht wertvoller als die andere. Und jeder Mensch hat Stärken! Allerdings gibt es Berufe, da sind manche Stärken deutlich gefragter als in anderen. Als Richter:in sind ein gutes Urteilsvermögen, aber auch Fairness wichtig. Wer im Leistungssport eine Chance haben will, braucht Ausdauer (und womöglich auch Tapferkeit). Und wer in der Forschung arbeitet, sollte Neugier und Freude am Lernen mitbringen.

Dein Berufe-Stammbaum: Was hat dich geprägt?

Ob und wie umfassend wir unsere Stärken in unserem Job einsetzen können, hängt oft direkt mit unserer ursprünglichen Berufswahl zusammen. Und die wiederum treffen wir zu einem Zeitpunkt, zu dem uns noch gar nicht bewusst ist, welche Berufsfelder es überhaupt gibt. Beziehungsweise was die Menschen in Berufen wie UX-Designer, Data Scientist oder De-Complexor eigentlich machen. Um in dieser Situation etwas entscheiden zu können, orientieren sich die meisten von uns erst mal an Berufen, die wir über unsere Familie, den Freundeskreis oder aus den Medien kennen.

Mama ist Lehrerin? Je nachdem, ob sie ihrer Arbeit gerne nachgeht (»So schön zu sehen, wie die kleinen Persönlichkeiten reifen«) oder nicht (»Egal was ich mache, die Eltern meckern immer«), entwickeln wir über die Jahre ein eher positives oder eher negatives Bild vom Beruf Lehrer:in. Gleiches gilt für Papa als Bauingenieur (»Toll, welche Gebäude er mitgestaltet hat« versus »Was da immer schiefgeht, das würde mich fertigmachen«), Tante Gertrud als Gehirnchirurgin (»Eine wirklich sinnvolle Aufgabe« versus »Auf was die verzichten musste, um dahin zu kommen – nein danke«) oder Nachbar Rudi als Unternehmensberater (»So unabhängig will ich finanziell auch mal sein« versus »Der Business-Kasper wird immer unsympathischer«).

Prägungen bewusst machen: Ist Nachbar Rudi für mich eher Vorbild oder Clown?

So entsteht im Laufe unserer Jugend ein Mosaik aus Faszinationen und Ablehnungen, die tatsächlich auch etwas mit unseren Signaturstärken zu tun haben. Bringt jemand Bescheidenheit als Signaturstärke mit, wird er sich vielleicht mehr über den selbstbewussten Berater-Nachbarn aufregen als jemand mit Führungsvermögen an erster Stelle.

Nun besteht natürlich kein Job ausschließlich aus Aufgaben, die unseren Stärken entsprechen. Auch als kreative Selbstständige muss ich mich mit meiner Buchhaltung beschäftigen, wenn ich mittelfristig kein Desaster erleben will. Doch bei unserem weiteren Vorgehen hilft es enorm, sich erst mal die eigenen Prägungen bewusst zu machen.

Einladung zur Selbstreflexion:

Welche Berufe haben dich durch deine Jugend begleitet, weil jemand aus deinem Umfeld sie ausgeübt hat?

Wenn du magst, zeichne einen Stammbaum (siehe Seite 147).

Verbindest du positive, negative oder neutrale Gefühle damit? Markiere die Berufe mit einem +, - oder o und ergänze Stichpunkte, wenn du magst.

Welche Berufe sind über deinen Freundes- und Bekanntenkreis, aber auch aus Filmen und Büchern dazugekommen, mit denen du positive oder negative Assoziationen verbindest? Beschränke dich hier auf diejenigen Berufe, die wirklich etwas in dir auslösen, sonst wird es zu viel:

Was wird dir bewusst, wenn du auf deine Liste / deinen Stammbaum blickst?

____

____

Zu welchen Berufen zieht es dich nach dieser Reflexion? Schreib es auf, auch wenn du gerade das Gefühl hast, es ist unrealistisch:

____

____

Der Berufe-Stammbaum

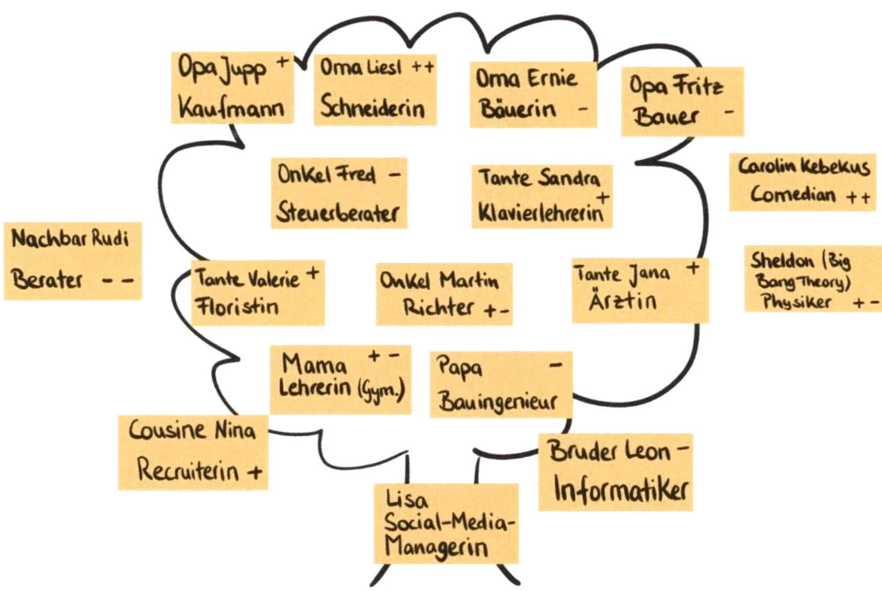

Ines:

In meiner Familie gab es viele Ingenieure (die Männer) und soziale Berufe (die Frauen). Technik zog mich weniger an, Soziales schon eher. Mein »Traumjob« war jedoch Journalistin, eindeutig geprägt von Filmen wie »Die Unbestechlichen« (hier decken Bob Woodward und Carl Bernstein den Watergate-Skandal auf). Heute weiß ich, dass wohl meine ausgeprägteste Stärke »Neugier«, also das Interesse an der Welt und den Menschen um mich herum, die Motivation für diesen Beruf war. Damals hieß es jedoch erst mal: Ja, ja, und womit willst du deinen Lebensunterhalt verdienen? Nicht, weil man den Journalismus nicht schätzte, sondern weil er bisher bei uns nicht vorkam und damit als Beruf eher unrealistisch erreichbar schien. Ich ließ mich erst mal entmutigen, holte meinen Traumjob aber bekanntlich später nach. Als Trainerin und Coach kann ich sowohl die Neugier als auch meine nächsten beiden Signaturstärken Dankbarkeit und Bindungsfähigkeit gut einsetzen. Die nächste richtige berufliche Station zu finden ist eben ein lebenslanger Prozess 😊.

»Was vor uns liegt und was hinter uns liegt, ist nichts im Vergleich zu dem, was in uns liegt. Wenn wir das, was in uns liegt, nach außen in die Welt tragen, geschehen Wunder.«

Henry David Thoreau

Wir haben viele Optionen

Zu wissen, dass wir jederzeit eine Menge Möglichkeiten haben, um Geld zu verdienen, hat viel mit unserem Gefühl von Selbstwirksamkeit zu tun. Eine Wahl zu haben bedeutet: Wir können etwas selbst entscheiden. In unseren Coachings begegnen uns jedoch immer wieder Menschen, die sich gefangen in ihren Lebenssituationen und sehr weit entfernt von Wahlfreiheit fühlen.

Unabhängig davon, wie frei oder unfrei wir uns gerade fühlen: Es ist immer eine gute Idee, uns vor Augen zu führen, welche Optionen wir hätten, um Geld zu verdienen. Allein der Anblick von 20 oder mehr Jobs, die wir rein theoretisch ausführen könnten, beruhigt uns und stärkt unser Gefühl für Selbstwirksamkeit.

Bloß: Wie finden wir heraus, welche Optionen für uns infrage kommen? Nutzt es uns beispielsweise tatsächlich zu wissen, dass wir jederzeit im Callcenter für Autoersatzteile anfangen könnten, wenn wir es hassen zu telefonieren oder Autos in unserem Interessenranking an letzter Stelle stehen? Eher nicht. Deshalb entwickeln wir jetzt attraktive Job-Optionen für dich über eine Kreativitätstechnik, bei der wir die bisher über dich gesammelten Informationen nutzen.

Du machst dir Sorgen, nicht kreativ genug zu sein? Keine Sorge, Kreativität ist Übungssache, ein Handwerk sozusagen. Die kreativsten Menschen geben meist freimütig zu, einfach eine Methode erfolgreich für sich entwickelt zu haben, die sie immer wieder bewusst einsetzen, um auf neue Ideen zu kommen. Viele dieser Methoden arbeiten mit der Kraft des Zufalls und mit dem Input anderer Menschen.

Tool: Job-Randomator

Mit deinen Stärken beschäftigst du dich schon seit Kapitel 2. Wirf noch mal einen Blick auf die »Stärkendusche«, die »Sternstunden« in Kapitel 3 und zuletzt deine Signaturstärken, die du über den Test herausgefunden hast. Wahrscheinlich ist da eine schöne Liste zusammengekommen. Wie fühlt es sich an, so viele gute Sachen über sich zu lesen? Genieße dieses Gefühl für einen Moment und schenke dir selbst ein richtig schönes Lächeln! Dann wähle vier Stärken aus, die du gerne in deinem nächsten beruflichen Schritt einsetzen und nutzen möchtest. Wenn du dich entschieden hast, trage diese Stärken in die erste Spalte der Tabelle weiter unten ein.

Nun blättere bitte zurück zu Kapitel 3 (»Unendliche Möglichkeiten«), wo du dich mit deinen Interessen beschäftigt hast. Welche Themenbereiche findest du wirklich wichtig und interessant? Entscheide dich für vier davon und trage sie in die zweite Spalte der Tabelle ein.

In der dritten Spalte sind deine Lieblingstätigkeiten gefragt (die findest du ebenfalls dort). Überlege hier ganz grundsätzlich, was du gerne machst, auch in deiner freien Zeit. Wenn du leidenschaftlich Hockey spielst: Schreib es rein! Das heißt nicht, dass du eine Profikarriere anstrebst oder Trainer:in werden solltest, sondern lässt dich noch mal tiefer schürfen: Was gefällt dir so gut am Hockeyspielen? Ist es der Teamspirit? Das Verfolgen einer gemeinsamen Strategie? Die Kunstfertigkeit mit dem Schläger? Deine Fitness? Oder vor allem der Wettkampfgedanke, der dir Spaß macht? Notiere dir gerne noch ein Stichwort dazu (ein Beispiel findest du gleich im Anschluss an die Tabelle).

Bleibt noch die vierte Spalte, wo du auf den Punkt bringst, was dir besonders wichtig ist im Zusammenhang mit deinem Job. Blättere noch mal zurück zu Kapitel 3, wo du deine Gedanken über das Tool »Traumreise« und deinen idealen Arbeitstag gesammelt hast. Welche vier Aspekte möchtest du unbedingt künftig in deiner Arbeit finden? Trage sie ein.

Stärken	Interessen	Lieblings-tätigkeiten	Das ist mir wichtig!		Job-Ideen		

Zu deiner Inspiration findest du hier ein Beispiel von unserer Coachee Jule, die im Eventmanagement einer großen Bank arbeitete. Sie entschied sich nach längerem Überlegen, bei den Stärken allein auf ihre obersten vier Signaturstärken zurückzugreifen. Ihre Interessensgebiete konnte sie recht schnell benennen. Bei den Lieblingstätigkeiten notierte sie zunächst überwiegend Aktivitäten aus ihrem aktuellen Job, wie Locations besichtigen, Konzepte schreiben etc. Weil das aber ohnehin in vielen der für sie infrage kommenden Jobs Bestandteil ist, entschied sie sich, ganz grundsätzliche Tätigkeiten aufzunehmen. Was ihr wichtig ist, konnte sie wieder ganz fix sagen.

Dir geht es vielleicht ganz anders, und andere Spalten fallen dir schwer – lass dich hier nicht stressen. Vielleicht magst du die Tabelle auch mal eine Nacht liegen lassen und drüber schlafen? Letztendlich kommt es nicht darauf an, deine »perfekte Tabelle« zu entwickeln, sondern eine Version, mit der du einfach starten kannst. Wenn du magst, führe die Methode später noch mal mit anderen Inhalten durch. Wir machen immer wieder die Erfahrung: Was kommen soll, das kommt auch. Brüte also nicht zu lange, sondern sammle ein, was deine Intuition dir zu diesem Zeitpunkt liefert.

Stärken	Interessen	Lieblingstätigkeiten	Das ist mir wichtig!
Liebe zum Lernen	Psychologie	Zeichnen (einfache Bilder für Komplexes finden)	das Beste aus anderen herausholen
Bindungsfähigkeit	Innovation	mit Freunden austauschen (andere Perspektiven kennenlernen)	Spuren hinterlassen
Teamwork	Bildung	Prozesse optimieren (Abläufe vereinfachen)	Zeit für meine Liebsten
Humor	Gesundheit	bewegen in der Natur (etwas bewegen)	Transparenz + Offenheit

Im nächsten Schritt (siehe Seite 154) entwickelst du mögliche Job-Optionen für dich, indem du deine zufällig zusammengewürfelten Einträge zeilenweise betrachtest. Schau dir eine Zeile an und notiere, welche Job-Ideen dein Gehirn dir dazu liefert. Dabei müssen keinesfalls alle vier Begriffe in der Job-Option enthalten sein, eine reicht. Wir stupsen unser Gehirn nur freundlich an, indem wir ihm mehrere Begriffe gleichzeitig geben. Spinne ruhig im ersten Schritt herum. Zu deiner Inspiration wirf einen Blick auf Jules Ideen.

Für deine erste Ideen-Runde reichen 30 Minuten. Im nächsten Schritt nutzt du die »Fantasie der anderen«. Wähle drei bis vier wertschätzende Menschen in deinem Umfeld, die dir wohlgesonnen sind. Erkläre ihnen, was du da gerade machst und dass es in diesem Schritt nicht um realistische Szenarien, sondern um eine Kreativitätstechnik geht, die dir als Basis für deine nächsten Schritte dienen soll. Sammle von diesen Menschen weitere Ideen ein. Je mehr, desto besser.

Und dann lässt du diese Ideen erst mal ruhen und in deinem Unterbewusstsein weiterwirken. Wenn du magst, kannst du deine Lieblingsideen auch auf Post-its notieren und an einen Ort kleben, wo sie dir immer wieder begegnen. Möglicherweise fällt dir dabei aus der Kombination von zwei oder drei Ideen wieder etwas Neues ein. Schreib es auf. Vielleicht findest du aber auch nach einer Weile zwei Ideen gar nicht mehr gut. Trenn dich von ihnen.

Stärken	Interessen	Lieblingstätigkeiten	Das ist mir wichtig!		Job-Ideen		
Liebe zum Lernen	Psychologie	Zeichnen (einfache Bilder für Komplexes finden)	das Beste aus anderen herausholen	*Kunstlehrerin*	*Kreativitätstrainerin*	*Graphic Recorderin bei Events*	*Eventtherapie*
Bindungsfähigkeit	Innovation	mit Freunden austauschen (andere Perspektiven kennenlernen)	Spuren hinterlassen	*Innovationskurse an der Uni geben*	*Start-up mit anderen gründen*	*Ehrenamt: kreative Spiele mit Kindern gestalten*	*Veganes Café eröffnen*
Teamwork	Bildung	Prozesse optimieren (Abläufe vereinfachen)	Zeit für meine Liebsten	*Initiative »Kreative Schulkonzepte« beitreten*	*Projektleitung Prozessoptimierung intern*	*4-Tage-Woche*	*Challenge intern: Optimierungsideen*
Humor	Gesundheit	bewegen in der Natur (etwas bewegen)	Transparenz + Offenheit	*Stand-up-Comedy: Humor in der Bank*	*»Aktive Mittagspause«-Gruppe initiieren*	*(digitales) Schwarzes Brett für Lifehacks*	

The Power of Thinking Big

Das mit dem »groß denken« fällt uns hierzulande nicht so leicht. Existenzängste, ein großer Wunsch nach Sicherheit und das Vermeiden von Risiken haben sogar dafür gesorgt, dass der Begriff »German Angst« den Weg in englische Wörterbücher gefunden hat. Das ist also das Bild, das andere Länder von uns haben? Es gibt da Witze ...

Zwei Amerikaner ... *Zwei Deutsche ...*

Kreatives Denken funktioniert am besten über einen wiederkehrenden Wechsel von Großdenken und Bewerten, Anpassen durch erneutes Großdenken und wieder Bewerten ... Bis wir eine Idee gefunden haben, die sich wirklich gut und machbar anfühlt. In der Fachsprache reden wir von divergierendem Denken (Optionen entwickeln) und konvergierendem Denken (Optionen evaluieren). Wenn wir gerade in der Großdenk-Phase stecken, suchen wir nach Potenzialen (anstelle von Hürden, die dagegensprechen könnten). In der Bewertungsphase suchen wir nach dem »Wie ließen sich Aspekte davon umsetzen?«. Um diese zweite Phase überhaupt sinnvoll nutzen zu können, dürfen wir gerne ein bisschen größenwahnsinnig werden.

Das Prinzip vom Divergieren und Konvergieren – oder was ich am Sonntag backen will (und werde)

> **»Die Vorstellungskraft ist der Anfang der Schöpfung. Man stellt sich vor, was man will – man will, was man sich vorstellt –, und am Ende erschafft man, was man will.«**
>
> George Bernard Shaw

Diesen Gedanken im Blick zu behalten ist gar nicht so einfach, wenn uns ordentlicher Gegenwind ins Gesicht bläst.

Ines:
Als ich die Coaching-Ausbildung begann, hatte ich noch gar kein Bild im Kopf, ob und wie ich die neu erworbenen Kenntnisse zum Geldverdienen nutzen will. Es hat mich einfach interessiert und mir Spaß gemacht. Womit ich nicht gerechnet hatte, waren zweifelnde Kommentare von ansonsten durchaus wertschätzenden Kolleg:innen und Freunden. »Muss denn jetzt jeder Coach werden?« »Nenn mir mal ein Beispiel, wo ein Coach wirklich was erreicht hat.«

»Neulich habe ich einen SEHR kritischen Beitrag über Coaching gelesen, überlege dir gut, ob du in diese Schublade gesteckt werden willst!« Und so weiter. Ich gebe zu, an einem Abend war ich kurz vorm Hinschmeißen. Das Gefühl für meine Selbstwirksamkeit, also ob ich es schaffen kann, mit der Coaching-Ausbildung etwas Sinnvolles auf die Beine zu stellen, war irgendwie weg. Zum Glück habe ich einen sehr unterstützenden Mann an meiner Seite, der mich wieder aufgebaut hat. Und so regten sich am nächsten Morgen wieder meine »Jetzt erst recht«-Anteile.

Was Peter über Paul sagt, sagt mehr über Peter als über Paul

Aussagen wie die im Beispiel oben sind zwar nicht hilfreich, in den seltensten Fällen jedoch böse gemeint. Vielleicht haben die Absender:innen gerade schlechte Erfahrungen mit einem Coach im eigenen Unternehmen gemacht, weil der nur die Idee der Geschäftsführung durchdrücken statt wirklich Lösungen erarbeiten sollte? Vielleicht hat da jemand eigene Existenzängste, die ihn beunruhigen? Möglicherweise hat aber auch jemand selbst schon Schiffbruch mit einer Idee erlitten und will warnen?

Wie auch immer: Du allein entscheidest, ob dich solche Sätze von deinen Zielen abbringen, ob du einen Aspekt noch mal überprüfenswert findest oder ob du einfach sagst: »Vielen Dank für deine Anregung, ich mache es auf meine Art und Weise und werde daraus lernen.« Das musst du noch nicht mal laut aussprechen, wichtig ist, dass diese Botschaft bei dir selbst ankommt. Dann schenkt sie dir nämlich eine ungeahnte Freiheit, neue Wege zu gehen und dabei immer weiter zu wachsen. Das Gefühl von Selbstwirksamkeit eben. Und vielleicht noch die Haltung: Gegenwind bläst den Kopf frei.

Hast du jetzt Lust bekommen, noch eine SEHR groß gedachte Idee in deine Tabelle einzutragen? Nur zu. Jule fügte an dieser Stelle ihrer Tabelle noch hinzu: ***Keynote-Speakerin für Mikroabenteuer***.

Das Kapitel »Selbstwirksamkeit« schließen wir mit Musik ab. Musik hat nämlich die Kraft, uns beim Großdenken zu unterstützen. Je nachdem, welches Tempo wir wählen, kann sie unsere Konzentration fördern (56–64 beats per minute, bpm) oder uns zu sportlichen Höchstleistungen treiben (150–180 bpm). Um uns in richtig gute Laune zu bringen und damit in unsere Kreativität, sind 140–150 bpm ideal. Aber ganz egal, wie viele beats per minute: Welches Lied bringt dich richtig gut drauf? Vielleicht erinnert es dich auch an eine Zeit, in der es dir besonders gut ging?

Falls dir nicht direkt ein Song einfällt: Es gibt zahlreiche Plattformen mit Gute-Laune-Playlists. Wir haben dir hier mal eine kleine Auswahl zusammengestellt:

- Taylor Swift: »Shake it off«
- Queen: »Don't stop me now«
- Harry Styles: »Watermelon Sugar«
- ABBA: »Dancing Queen«
- Katy Perry: »Roar«
- Katrina and the Waves: »Walking on Sunshine«
- Helene Fischer: »Atemlos«
- Miley Cyrus: »Flowers«
- Pharrell Williams: »Happy«
- Nena: »99 Luftballons«
- Gloria Gaynor: »I am what I am«
- George Michael: »Freedom«
- ...

Hast du einen Song für dich gefunden? Wunderbar, dann kann's losgehen:

Mini-Tool: ***Your Future-Song***

Wähle eine deiner Job-Ideen aus, die dich besonders anspricht. Dann suche dir einen Ort, an dem du für die nächsten fünf Minuten (oder wie lange dein Lied dauert) ungestört sein kannst. Wenn möglich, stelle die Musik laut, es funktioniert aber auch mit Kopfhörern.

Dreh die Musik auf und stell dir nun vor, wie du in diesem Job arbeitest. Wo bist du da? Wer ist bei dir, wer sind deine Kolleg:innen, wer deine Kund:innen? Wie sieht dein Tag aus? Was machst du konkret der Reihe nach? Mit welchem Gefühl machst du das? Was denkst du über dich und deinen Job? Was ist anders als heute? Lass einfach die Musik auf dich wirken und schau, welche Bilder vor deinem inneren Auge auftauchen. Wenn du magst, lauf dabei herum, geh spazieren oder fang an zu tanzen. Mach, wonach dir ist. Aber notiere am Ende des Songs kurz, was dir durch den Kopf gegangen ist.

Am besten machst du diese Übung eine Zeit lang jeden Tag. Vielleicht magst du am nächsten Tag eine andere Job-Option mit einem anderen Song nehmen? Gut! Probier dich aus und schau, ob ein bestimmter Weg auf Dauer immer positivere Gefühle bei dir auslöst. Think really big! So bekommst du ganz nebenbei immer mehr Übung darin.

Was du aus Kapitel 4 zum Thema Selbstwirksamkeit mitnehmen kannst:

1. Unser Vertrauen darauf, dass wir mit unserem Handeln etwas für uns bewirken können, festigt sich mit jeder Wirksamkeitserfahrung. Es ist also trainierbar.

2. Nichts zu tun ist okay, wenn wir es bewusst tun. Nicht ins Handeln kommen, weil wir immer noch über das richtige WIE nachdenken, schwächt unsere Selbstwirksamkeit.

3. Wenn wir gut für uns sorgen, auch für unsere psychologischen Grundbedürfnisse wie Autonomie, Bindung/Zugehörigkeit und Kompetenz, dann kommen wir leichter ins Handeln und in unsere Selbstwirksamkeit.

4. Ob uns bestimmte Berufsbilder eher faszinieren oder abstoßen, hat einerseits mit unseren Stärken, andererseits mit unseren Prägungen zu tun. Ist uns beides bewusst, können wir unsere Optionen erweitern.

5. Großdenken fällt vielen von uns nicht leicht, ist aber die Grundlage für das Entwickeln neuer Job-Ideen, die wirklich zu unseren persönlichen Stärken, Interessen und Werten passen.

6. Kreativität ist Übungssache!

7. Musik hilft enorm bei kreativem Größenwahn.

5

LÖSUNGS ORIENTIERUNG

Wie du immer mutiger und aktiver wirst

Der nächste Baustein für unsere Resilienz ist die Lösungsorientierung. Die liegt uns nicht unbedingt im Blut. Was wir sofort sehen, sind die Schwierigkeiten, die Risiken und Gefahren. Wir können uns sehr bildhaft vorstellen, was alles schiefgehen kann. Aber wie wir die Krise lösen, in der wir uns befinden – dazu fällt uns häufig nicht so schnell etwas ein. Leider fokussiert sich auch unser Schulsystem eher auf die Fehlersuche statt auf das kreative Finden von Lösungen. Aber es gibt Techniken und Tools, die uns dabei unterstützen können.

Carolin:
Als Kind habe ich gern die Serie »MacGyver« gesehen. Darin hat die Hauptfigur (die Geheimagent, Nothelfer und Abenteurer in einer Person war) meist mit sehr einfachen Mitteln einen Ausweg aus jeder noch so schwierigen Situation gefunden: Sein Gürtel wird zum Schlauch, aus einem Hochdruckreiniger baut er eine Art Flugrucksack, und die Bombe entschärft er mit einer Büroklammer. Das hat mir sehr imponiert. Mich selbst habe ich aber lange als wenig kreativ erlebt.

Dabei habe ich irgendwann gelernt, dass alle Menschen kreativ sind und unser Hirn quasi permanent Lösungen findet. Wir müssen dazu nur die richtigen Fragen stellen. Deshalb liebe ich meinen Beruf so – weil ich als Coach, Trainerin und Moderatorin anderen Menschen den Raum dazu geben kann, ihre eigenen Lösungen zu entwickeln.

Steckt ein MacGyver in dir?

Stell dir vor, ich gebe dir eine volle Streichholzschachtel, ein paar Reißzwecken und eine Kerze. Kann man die angezündete Kerze damit an der Wand befestigen? Denk mal eine Minute drüber nach. Und – was meinst du?

Falls dir nichts eingefallen ist, hier noch eine Info: Die Aufgabe ist definitiv lösbar. Die Frage ist also nicht, ob, sondern wie! Wie kannst du die angezündete Kerze an der Wand befestigen? Schau dir dazu noch mal alle Gegenstände an. Und – wie geht es?

Hier ist die Auflösung:

Bist du draufgekommen? Der Punkt ist: Wir finden die Antwort nur, wenn wir alles mit in die Lösung einbeziehen. Also auch die Streichholzschachtel, die wir auf den ersten Blick gar nicht als Mittel wahrnehmen.

Die Frage ist wichtiger als die Antwort

Wie kommt es, dass wir uns bei der ersten Frage (»Ob ...?«) deutlich schwerer tun als bei der zweiten (»Wie ...?«)?

Es gibt Fragen, die lenken dein Hirn schnell in den Lösungsmodus – wie eine Abkürzung um den Stau herum. Andere sorgen eher dafür, dass du festhängst im Problemkreisverkehr. Welche Fragen bewirken was? Geh mal in Resonanz und schau, welche Gedanken die folgenden Fragen bei dir auslösen.

Stell dir dazu vor, du hast gerade ein akutes Problem (zum Beispiel: Du hast einen wichtigen Termin und steckst im Stau). Was bewirken jetzt diese Fragen:

- Warum bin ich nicht mit der Bahn gefahren?
- Was mach ich jetzt bloß?
- Wie lange dauert das hier wohl noch?
- Was wird mein Kunde von mir denken, wenn ich zu spät komme?
- Wie könnte ich das jetzt lösen?

Du hast bestimmt gemerkt, dass manche Fragen uns nur »runterziehen«. Entweder sind sie rückwärtsgewandt (meistens sind das die »Warum«-Fragen) und beziehen sich auf Dinge, die wir nicht mehr ändern können. Oder wir können sie nicht beantworten – zum Beispiel, wie lange das noch dauert mit dem Stau. Dann neigen wir dazu, sie immer wieder zu stellen (Kinder sind darin Weltmeister!). Hilft natürlich nicht. Auch Fragen, die sich mit den Auswirkungen in der Zukunft beschäftigen, bringen uns nicht weiter, um eine schnelle Lösung zu finden (die Frage, was mein Kunde denken wird, ist so eine).

Bleiben also noch die beiden Fragen: »Was mach ich jetzt bloß?« und »Wie könnte ich das lösen?« Und obwohl sie ja scheinbar beide nach einer Lösung suchen, versetzen sie uns in ganz unterschiedliche Stimmungen. Denn ein »Wie« suggeriert unserem Hirn, dass es eine Lösung gibt – und wir sie nur finden müssten. Weil unser Hirn nett und schlau ist, fängt es sofort an zu suchen. Fragen wir uns hingegen nur, »was« wir tun könnten, könnte die Antwort ja auch lauten: Nichts. Und schon fällt es uns viel schwerer, kreativ zu werden.

Ein **Beispiel** dafür, wie gut unser Gehirn Lösungen findet, wenn wir vermuten, dass es auch eine gibt, zeigt uns die Geschichte des Mathematikers George Dantzig. Im Alter von 25 Jahren studierte er an der Universität von Berkeley. Eines Tages kam er zu spät zu einer Vorlesung, der Professor war bereits gegangen. An der Tafel standen zwei mathematische Probleme der Statistik. Dantzig hielt sie für die Hausaufgabe und notierte sie sich. Obwohl er sie »schwerer als sonst« fand, löste er beide. Als er sie bei seinem Professor abgeben wollte, stellte sich heraus, dass es zwei bis dahin unbewiesene Vermutungen waren, die noch kein Mathematiker vorher hatte lösen können. Der Professor hatte diese in der Vorlesung lediglich vorgestellt.

»Wie« ist also oft eine sehr hilfreiche Frage. Und wir können sie ganz unterschiedlich kombinieren. Eine unserer Lieblingskombinationen ist dabei die paradoxe Frage – oder »Kopfstandmethode«. Damit fragst du dich, wie du dein Problem verschlimmern, ein Projekt gegen die Wand fahren oder deinen neuen Chef sofort von deiner Inkompetenz überzeugen kannst. Klingt lustig? Du kannst sie hier direkt ausprobieren.

Einladung zur Selbstreflexion:

Stell dir ein konkretes Problem vor. Vielleicht eines, das du schon eine Weile hast? Und für das dir noch keine gute Idee gekommen ist, wie du es verringern oder beseitigen könntest.

Das konkrete Problem ist:

____

____

Dann frag dich: Wie könntest du dein Problem verschlimmern? Sodass es monströse Ausmaße annimmt: (Übertreibe ruhig!)

Was kannst du daraus ableiten? Welche Ideen kommen dir, um dein Problem anzugehen?

Sicher, unsicher oder ungewiss

Wenn wir in schwierigen Situationen für uns Lösungen entwickeln wollen, lohnt es sich, erst einmal hinzuschauen: Ist die künftige Entwicklung sicher, unsicher oder ungewiss? Denn das erfordert jeweils unterschiedliche Herangehensweisen.

Angenommen, du hast dir bei einem Sturz den Arm gebrochen. Und so geht es weiter: Du hast einige Wochen einen Gips, bist krankgeschrieben, kannst nicht Auto fahren etc. Damit kannst du planen. Du brauchst also Lösungen für Probleme, die du schon erkennst. Das kann stressig sein, ist aber häufig ganz gut machbar (vor allem mit Unterstützung, das vertiefen wir im nächsten Kapitel). Die zukünftige Entwicklung ist also ziemlich sicher.

Deutlich mehr Unsicherheit herrscht in einer Krise, wenn du noch nicht über alle Informationen verfügst. Ein Beispiel: Dein Bereich soll mit einer anderen Abteilung fusionieren. Du weißt noch nicht, was deine künftige Rolle sein wird, wer von den beiden aktuellen Führungskräften dein Chef sein wird. Hier ist es häufig sinnvoll,

Informationen zu sammeln. Damit kannst du für dich durchspielen, welche Optionen du hast. Die Unsicherheit nimmt tendenziell ab.

Und dann gibt es Situationen, in denen herrscht Ungewissheit. Informationen gibt es nicht, weil die weitere Entwicklung völlig unklar ist. Der Beginn der Corona-Pandemie ist dafür ein Beispiel. In den ersten Wochen und Monaten war nicht abzusehen, wie sich die Pandemie entwickeln würde, ob und wann es Impfungen geben würde, wer wirklich wie sehr gefährdet ist etc.

Was ist nun die Besonderheit bei ungewissen Situationen? Im Gegensatz zu sicheren oder auch unsicheren Situationen macht eine langfristige (oder sogar mittelfristige), lineare Planung keinen Sinn. Es lohnt nicht, viel Energie und Ressourcen in etwas zu stecken, was morgen womöglich wieder hinfällig ist. Stattdessen ist es sinnvoller, mit dem zu beginnen, was da ist – und nur die nächsten Schritte in den Blick zu nehmen.

Wie handeln wir in Ungewissheit?

Lernen können wir dabei von erfolgreichen Unternehmer:innen. Saras Sarasvathy, eine Entrepreneur-Forscherin, hat herausgefunden, dass diese für die Entwicklung neuer Geschäftsideen nach vier Prinzipien handeln. Prinzipien, die uns auch in Krisensituationen helfen. Sie hat das »Effectuation« genannt, und wir wollen dir das Vorgehen hier etwas näher vorstellen.

Die vier Effectuation-Prinzipien im Überblick:

- **Mittelorientierung:** Mein Ausgangspunkt sind meine schon vorhandenen Ressourcen – nicht das künftige Ziel.
- **Leistbarer Verlust:** Ich begrenze ganz bewusst die Mittel, die ich einsetzen will, und handle iterativ. Dadurch vermeide ich das »Fass ohne Boden«.
- **Partnerschaften eingehen:** Ich suche mir aktiv andere Menschen, die mich unterstützen – und schließe mit ihnen Vereinbarungen. Das steigert meine Ressourcen.

- **Umstände und Zufälle nutzen:** Ich halte immer die Augen offen und versuche, auch in auf den ersten Blick ungünstigen Umständen eine Chance für mich zu finden.

Von den eigenen Mitteln ausgehen

Das erste Prinzip, das wir in Ungewissheit nutzen sollten, ist die Mittelorientierung. Was bedeutet das? Normalerweise sind wir es gewohnt, vom gewünschten Ergebnis ausgehend zu planen. Wir setzen uns erst das Ziel und schauen dann, welche Mittel wir benötigen, um es zu erreichen. Und das ist auch oft sinnvoll. Mal angenommen, du hast von einer Freundin von einem tollen Job erfahren. Dann wirst du davon ausgehend planen: Du brauchst einen Lebenslauf, womöglich ein neues Foto, ein aktuelles Zeugnis und den Namen deines Ansprechpartners vor Ort.

So planen wir häufig unser Vorgehen: Wir nehmen das Ziel in den Blick und überlegen, welche Mittel uns dorthin bringen

Bist du nun aber in einer ungewissen Situation – zum Beispiel, weil du dich selbstständig machen willst –, macht das Vorgehen nach Effectuation mehr Sinn. Dazu fragst du dich zunächst, welche Mittel dir aktuell zur Verfügung stehen. Und dann überlegst du, wo dich diese Mittel hinbringen könnten, was du damit erreichen könntest.

Das Charmante beim Vorgehen nach Effectuation: Da wir nicht von einem festen Ziel ausgehen, ist der erste Schritt oft leichter. Denn wir dürfen unser Ziel auch jederzeit wieder ändern und uns auch kleinteilige Ziele setzen! Statt »Ich mache mich selbstständig« könnte dein erstes Ziel lauten: »Ich tausche mich mit zwei Menschen aus, die selbstständig sind.« Und natürlich lassen sich auch mehrere Ziele gleichzeitig in den Blick nehmen.

Carolin:
Dieses Buch ist eher mit Effectuation als mit linearer Planung entstanden. Am Anfang stand ein Abendessen, bei dem Ines und ich uns über unsere aktuellen Themen ausgetauscht haben. Ines hatte bereits Bücher veröffentlicht, und ich war gerade dabei, mich zur Resilienzberaterin ausbilden zu lassen. Im Laufe des Abends entstand dann zufällig die Idee, ein Buch zum Thema »resiliente Karriere« zu schreiben, also unsere »Mittel« zu kombinieren. In den nächsten Monaten haben wir so weitergearbeitet – immer danach ausgerichtet, wer von uns was kann und was wir damit als Nächstes tun könnten. Ines brachte ihre Erfahrungen aus der Verlagsbranche ein und baute das Gerüst für unser erstes Exposé, ich fing an, erste Zeichnungen zu skizzieren. Das alles noch ohne langfristige Planung, einfach Schritt für Schritt. Die Tatsache, dass du dieses Buch nun in Händen hältst, zeigt ja, wie wunderbar das funktionieren kann.

Tool: ***Mittelorientierung (1. Effectuation-Prinzip)***

Überlege dir zunächst, wofür du das Tool einsetzen willst. In welchem Bereich deines Lebens herrscht gerade Ungewissheit? Das könnte deine berufliche Entwicklung sein – vielleicht bist du dir unsicher, welche Spezialisierung du anstrebst? Oder spielst du mit dem Gedanken, dich selbstständig zu machen? Vielleicht überlegst du auch, ein Sabbatical einzulegen oder beruflich umzusatteln? Wichtig: Notiere dir hier kein Ziel, sondern lediglich ein Themenfeld:

Dein erstes (Etappen-)Ziel leitest du nun aus deinen Mitteln ab. Dabei steht erst mal die Frage im Raum: Was sind denn deine Mittel?
Jeder Mensch hat eigene Erfahrungen, Verbindungen, Werte und Stärken, die er oder sie mitbringt. Dazu zählen nicht nur berufliche Fähigkeiten oder Qualifikationen, sondern auch Interessen, Hobbys oder heimliche Leidenschaften. Bei Effectuation ermittelst du deine Ressourcen mit drei Fragen. Nutze dafür die Tabelle auf der nächsten Seite.

Wer bin ich?

Dazu gehört alles, was dich ausmacht. Herkunft, kulturelle Prägungen, Interessen, Stärken, Leidenschaften, Talente, Werte ... Was immer dir einfällt. Denk hier gern weit, nicht nur auf deinen Job oder das Thema gemünzt.

Was kann ich?

In diese Spalte gehören deine beruflichen Fähigkeiten (gern differenziert, also zum Beispiel »Rechnungen prüfen und verbuchen« statt »Buchhaltung«). Aber notier dir hier auch Kompetenzen, die du nur im privaten Kontext nutzt (zum Beispiel »Gitarre spielen« oder »Tango tanzen«). Frag gern auch dir nahestehende Menschen, was du gut kannst.

Wen kenne ich?

Hier greifen wir schon etwas dem nächsten Kapitel vor. Bei Effectuation sehen wir auch unsere Kontakte als wichtige Ressourcen an. Liste hier alle Menschen auf, die du für konkrete Tipps oder Hilfestellung ansprechen könntest, bezogen auf dein Thema. Das dürfen auch losere Kontakte sein (wie eine ehemalige Kollegin, ein Nachbar, der Cousin deiner Freundin etc.).

Wer bin ich?	Was kann ich?	Wen kenne ich?

Lies dir alles noch einmal durch. Was könntest du ganz neu kombinieren? Welche Ideen kommen dir? Was könntest du mit diesen Ressourcen einmal probieren? Mach dir gern Notizen:

Wenn wir unsere Mittel kennen, können wir auch mehrere Ziele gleichzeitig verfolgen

Was kann ich mir leisten?

Ein weiteres Prinzip, das uns in Ungewissheit hilft, hat Saras Sarasvathy das Prinzip des »leistbaren Verlusts« genannt. Auch dieses Prinzip ist für unsere berufliche Entwicklung hilfreich. Was ist damit gemeint? Normalerweise – wenn wir vom Ziel ausgehen – planen wir unsere Investitionen nach dem, was wir dadurch erhalten. Wir überlegen, wann sich unsere Investition rechnet. Und treffen danach unsere Entscheidung.

Ein **Beispiel:** Du bekommst einen neuen Job mit einem deutlichen Gehaltssprung angeboten. Allerdings hättest du künftig einen viel längeren Fahrtweg, müsstest gegebenenfalls umziehen. Du kannst dir ausrechnen, ob sich diese Investition (der Jobwechsel) wirklich für dich lohnt. Oft sind wir bereit, auch große Investitionen zu tätigen, wenn wir damit rechnen, dass wir damit langfristig Gewinn machen (ein Studium wäre eine solche Investition).

Unter Ungewissheit ist es allerdings keine gute Idee, gleich viele Ressourcen zu investieren. Wir können ja noch nicht abschätzen, ob uns das wirklich in die richtige Richtung bringt. Stattdessen sollten wir überlegen, was wir investieren könnten, ohne dass es uns zu sehr wehtut, wenn es sich als Irrtum herausstellt.

Wie das konkret aussieht? Bevor du dir ein Wohnmobil kaufst, mit dem du künftig ein halbes Jahr Sabbatical machen willst, leihst du dir erst mal eines für eine Woche und probierst aus, ob du dich darin wirklich wohlfühlst. Wenn du die Abteilung wechseln willst, nimmst du Kontakt auf mit Menschen, die bereits dort arbeiten, und fühlst mal vor, ob du dort »reinpasst«. Und wenn du ein Buch schreiben willst, könntest du damit anfangen, kleine Texte auf LinkedIn zu posten und zu schauen, wie die Resonanz darauf ist.

Vorsicht: Verlust-Aversion

Und das Prinzip des leistbaren Verlusts hat noch einen großen Vorteil. Es hebelt unsere Verlust-Aversion aus. Wir mögen es nämlich überhaupt nicht, wenn unsere Investition sich für uns nicht auszahlt. Und investieren dann verrückterweise noch mehr (der Flughafen BER in Berlin oder die Hamburger Elbphilharmonie lassen grüßen). Oft behalten wir Dinge einfach deshalb, weil wir einmal viel Geld dafür ausgegeben haben (»Den Pulli hebe ich noch auf, den ziehe ich bestimmt irgendwann noch mal an!«).

Da ist zum **Beispiel** Sandra. Sie hat lange darum gekämpft, endlich Führungskraft zu werden. Schnell wird ihr allerdings klar, dass sie gar nicht glücklich damit ist. Ihr fehlt die operative Arbeit an den Details, und sie fühlt sich einsam. Trotzdem zögert sie, den Schritt rückgängig zu machen, denn »dann wäre der ganze Aufwand ja umsonst gewesen«. Dominik hingegen hat sich entschieden, neben dem Job ein

Fernstudium zu absolvieren. Die ersten zwei Semester hat das noch ganz gut geklappt, aber nun fällt er mehrfach durch Prüfungen, und Spaß macht es ihm schon lange nicht mehr. »Ich kann das doch jetzt nicht mehr hinschmeißen«, ist er überzeugt. Ob sich diese Investition am Ende für ihn auszahlt? Wir haben da unsere Zweifel.

Tool: ***Leistbarer Verlust (2. Effectuation-Prinzip)***

Du hast mit der Mittelorientierung schon mögliche Ziele identifiziert, die du anstreben könntest. Nun gilt es, dafür deine Mittel festzulegen – und von vornherein zu begrenzen. Dazu kannst du folgende Kategorien durchgehen. Was wärst du bereit, maximal zu investieren?

- Zeitlich (bitte konkret in Stunden oder Tagen), zum Beispiel für Recherche, Gespräche, Termine:

  ____

- Finanziell (für Weiterbildungen, Bücher, Software etc.):

  ____

Wichtig: Wenn deine hier festgelegten Mittel aufgebraucht sind, ziehst du Bilanz. Hat dich diese Investition weitergebracht? Hast du womöglich neue Ressourcen gewonnen (zum Beispiel einen neuen Kontakt)? Willst du den nächsten Schritt auf das Ziel zugehen? Oder das Ziel verändern oder aufgeben?
Wenn du dieses Tool nutzt, wird deine Lösung iterativ entstehen. Von manchen Ideen wirst du dich wieder verabschieden, dafür öffnen sich an anderen Stellen neue Türen.
Und natürlich kannst du immer wieder neu entscheiden, welchen leistbaren Verlust du als Nächstes eingehen willst.

Carolin:

Als ich mich selbstständig gemacht habe, habe ich häufig nach den Effectuation-Prinzipien gehandelt. In den ersten Monaten habe ich zunächst nur meine Arbeitszeit bei meinem Job reduziert und nebenberuflich selbstständig gearbeitet – mein leistbarer Verlust war also ein etwas geringeres Nettogehalt.

Außerdem habe ich meine eigenen Mittel genutzt: Ich habe überlegt, was ich selbst tun kann (Texte für meine Webseite schreiben zum Beispiel) und wo ich Hilfe brauche (definitiv bei Buchhaltung und Steuern) – und auch dabei festgelegt, wie viel ich jeweils investieren will (meine Zeit und Geld für Beratung). Mein Motto in der Zeit: »Better done than perfect«.

Ich habe auch gelernt, dass ich nicht alles selbst »erfinden« muss. Für meinen Businessplan habe ich mich mit zwei Freundinnen ausgetauscht, die schon als Selbstständige erfolgreich waren und mir ihre Versionen als Inspiration anvertraut haben. Auch was ein angemessenes Honorar ist, wie ich mit Stornierungen umgehe oder wo ich am günstigsten Trainingsmaterial kaufe, habe ich als Tipps von anderen bekommen. Natürlich steckt auch das Internet voller Informationen, die uns helfen können, eine Lösung für unser Problem zu finden. Vermutlich könnte ich heute auch ChatGPT bitten, mir einen Businessplan zu schreiben.

Wir sind nicht allein

Das dritte Effectuation-Prinzip – »Partnerschaften bilden« – ist ein zentraler Gedanke bei Effectuation. Schon wenn wir nur unsere eigenen Mittel und Ressourcen nutzen, können wir viel erreichen. Wie viel wirkungsvoller können wir erst sein, wenn wir uns mit anderen zusammentun? Das erhöht mit einem Schlag unsere Mittel. Deshalb ist die Spalte »Wen kenne ich« so wichtig, wenn wir unsere Mittel betrachten. Wir werden das im nächsten Kapitel noch einmal vertiefen.

Eines scheint uns bei diesem Prinzip noch zentral: Wenn wir uns mit anderen zusammentun, um etwas Neues zu schaffen, braucht es

Verbindlichkeit. Es braucht Vereinbarungen. Nur weil wir iterativ vorgehen und womöglich noch kein langfristiges Ziel haben, heißt das nicht, dass wir keine Verantwortung übernehmen.

Carolin und Ines:
Bevor wir uns über die Inhalte dieses Buchs Gedanken gemacht haben, sind wir lange miteinander spazieren gegangen. Beim Laufen durch den Adlershofer Wald haben wir besprochen, was uns für eine Zusammenarbeit wichtig ist. Wir haben uns gegenseitig erzählt, wie wir gern mit anderen arbeiten und was uns ganz fix auf die Palme bringt. Wir haben geklärt, welche Erwartungen wir an das Projekt haben und wie viel wir investieren können. Und wir haben vereinbart, immer anzusprechen, wenn uns etwas stört oder ärgert. Das war eine wichtige Voraussetzung dafür, dass sich dieses Buch so leicht und mit so viel Spaß für uns schreiben ließ!

Wie wird der Zufall glücklich?

Das vierte Prinzip bei Effectuation lautet »Umstände und Zufälle nutzen«. Dabei muss das zunächst kein »glücklicher« Zufall sein. Das berühmteste Beispiel ist wohl das der verunreinigten Petrischalen, durch die Alexander Fleming das Penicillin entdeckte. Auch der Klebstoff, der Post-its so beliebt macht, ist unabsichtlich entstanden. Dr. Silver war eigentlich auf der Suche nach einem besonders haltbaren Klebstoff. Stattdessen fand er einen Klebstoff, der sehr leicht ablösbar war – also eigentlich ein Reinfall. Trotzdem erzählte er anderen Kollegen davon, hatte aber keine Idee für die Anwendung. Schließlich nutzte ein Mitarbeiter des Labors den Kleber dann für Markierungen in seinem Gesangsbuch – und so entstand die Idee der so nützlichen Klebezettel.

Auch während der Corona-Pandemie haben verschiedene Organisationen einen großen Ideenreichtum entwickelt, wie sie mit der Krise zurechtkommen. Verschiedene Brauereien haben etwa den Alkohol, der alkoholfreiem Bier entzogen wird, als Desinfektionsmittel gespendet. Textilfirmen haben Masken genäht, ein Hotel seine Zimmer als Quarantänestationen vermietet. Dabei hilft die Einstellung, dass sich auch aus widrigen Situationen oder Krisen noch etwas Wertvolles gewinnen lässt.

> ***»Auch aus Steinen, die einem in den Weg gelegt werden, kann man etwas Schönes bauen.«***
>
> Johann Wolfgang von Goethe

Einladung zur Selbstreflexion:

Welche Zufälle haben deinem Leben schon wertvolle Impulse gegeben (privat und beruflich)?

____

____

Welche Zufälle oder Umstände beeinflussen aktuell deine Situation?

____

____

Angenommen, darin läge eine große Chance. Welche könnte das sein?

____

____

Die vier Effectuation-Prinzipien (Mittelorientierung, leistbarer Verlust, Partnerschaften bilden, Umstände und Zufälle nutzen) helfen uns wunderbar dabei, kleine machbare Schritte für unser Vorankommen zu entwickeln, ohne das Ziel von Anfang an zu konkret zu fassen. Das ist eine große Hilfe, um den Aufwand klein zu halten, immer wieder nachjustieren zu können und deshalb auch immer bei Kräften zu bleiben. Was unser Vorankommen außerdem erleichtert, ist unsere Haltung. Wollen wir aktiv sein und Unternehmen mitgestalten? Glauben wir daran, dass wir das auch tun können, ohne uns völlig aufzureiben?

Karriere oder Leben? Beides!

In unseren Coachings und Kursen begegnen wir vielen Menschen, die »aus dem Hamsterrad aussteigen« möchten. Die sich von der Komplexität und dem ständigen Wandel in der Arbeitswelt überfordert fühlen und die einzige Lösung darin sehen, einen Schritt auf der Karriereleiter zurückzugehen oder sich erst mal nur um sich zu kümmern. Das ist in vielen Fällen nachvollziehbar, und manchen bringt das durchaus die erhoffte Erleichterung. Vielen anderen jedoch nicht, und zwar aus unterschiedlichen Gründen:

- Die **neue Lebensoption** hält **nicht** das, **was** sie sich damit **versprochen** hatten (keine Struktur mehr, der Erfolg lässt länger auf sich warten, man fühlt sich nirgends zugehörig …).
- Endlich erholt, fragen sie sich, ob sie nicht doch besser **mehr darum hätten kämpfen sollen**, ihren Status zu behalten.
- Sie geraten **im neuen Leben ganz schnell in ein neues Hamsterrad**, aus Sorge um ihre finanzielle Sicherheit.
- Sie **beneiden** auf einmal all **diejenigen**, die ihren anstrengenden Job und ihr forderndes Privatleben scheinbar **gut im Griff haben**.

So oder so: Zweifel sind Gift für neue Lebensentwürfe. Deshalb versuchen wir immer, mit unseren Coachees auf ihre Strategien und Optionen im Hier und Jetzt zu schauen, bevor sie endgültige Entscheidungen treffen. Auch weil wir es jammerschade fänden, wenn alle reflektierten Menschen zurücktreten und anderen das Feld überlassen.

Gerade diese Menschen brauchen wir doch für die Gestaltung unserer Arbeitswelt!

Wir brauchen DICH mit deinen Ideen, deiner Haltung und deiner Geschicklichkeit, den alltäglichen Wahnsinn auch mit einem Augenzwinkern zu betrachten und nach Lösungen zum Wohle aller zu suchen. Das ist manchmal anstrengend, bei Erfolg aber auch immens beglückend. Es ist herausfordernd. Es ist Lebenskunst.

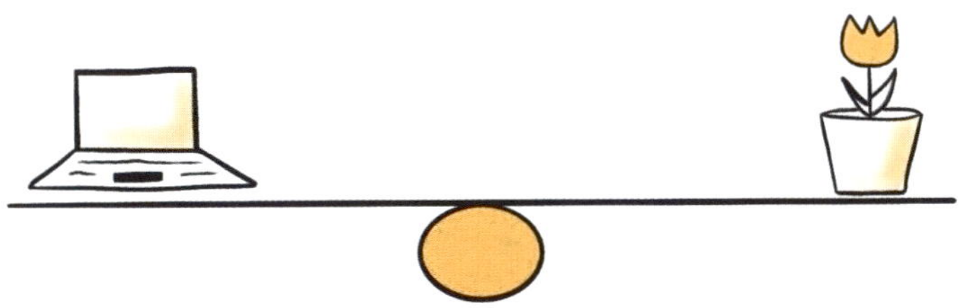

Wie wir uns Job und Privatleben in Balance wünschen

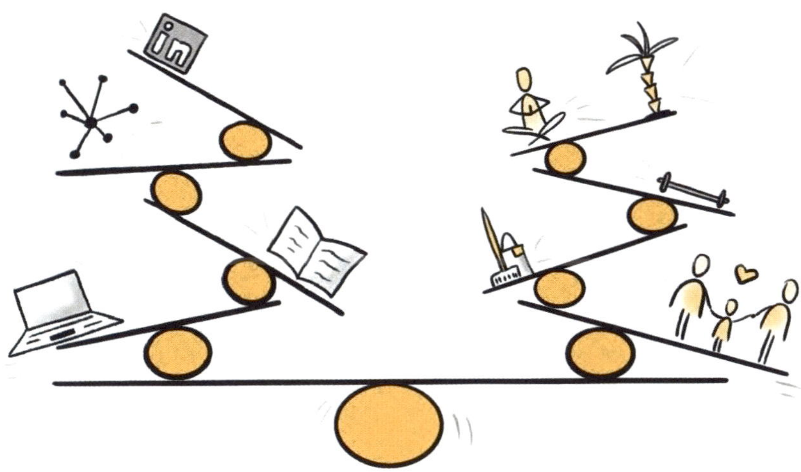

Und wie wackelig es sich in der Realität oft anfühlt

Konkret sieht das womöglich so aus: In deinem Unternehmen gibt es Lieferschwierigkeiten bei einer wichtigen Komponente, sodass eure Kund:innen immer länger auf ihre Bestellungen warten müssen und du äußerst unerfreuliche Telefonate führst. Kollegin A ist seit Wochen krankgeschrieben, unter anderem, weil sie dem Druck nicht mehr standhält. Kollege B dagegen schützt sich selbst, indem er Kopfhörer aufsetzt und so wenig wie möglich kommuniziert. Kollegin C, absolute Schlüsselperson für dich, kündigt, und dann bricht auch noch ein Großkunde weg. Daheim hängt der Haussegen schief, weil du einen wichtigen Termin in der Kita deiner Kinder versäumt hast und ihr immer häufiger darüber streitet, wer mehr im Haushalt macht. Trotzdem sieht es eigentlich immer so aus, als hätte gerade ein Raubüberfall stattgefunden, und der leckende Waschmaschinenschlauch soll seit Wochen ausgetauscht werden. Was war noch mal Me-Time? Du fühlst dich überfordert, gehetzt und empfindlich.

Seien wir ehrlich, so geht es vielen, auch wenn du keine Kinder hast. Gefühlt schlittern viele von uns im Krisenmodus durchs Leben und hoffen darauf, dass – irgendwann – wieder ein bisschen Routine und mehr Sicherheit eintritt.

Jetzt hast du schon bis hierhin gelesen und weißt: Sicherheit wird es in absehbarer Zeit nicht geben. Aber wir können Schritt für Schritt dafür sorgen, dass wir mit den Krisen leichter zurechtkommen. Indem wir die Umstände akzeptieren, auch die Chancen sehen, die in dieser Zeit liegen, selbst Verantwortung für unser Tun übernehmen und aktiv werden. Noch aktiver??? Wir hasten doch ohnehin nur noch von Termin zu Termin …

Also nicht »noch aktiver«, sondern fokussierter auf Lösungen, auf das, was uns jetzt weiterhilft. Dieses Fokussieren auf Lösungen können wir trainieren, damit wir Meisterschaft erlangen im Jonglieren des Alltags. Das kann durchaus Spaß machen! Erinnerst du dich noch, wie du Fahrradfahren gelernt hast? Wie schwer das zunächst war, die Balance zu halten? Heute merkst du es gar nicht mehr und genießt es, mit Leichtigkeit von A nach B zu kommen. So wollen wir es mit der Lösungsorientierung auch machen.

Widmen wir uns also der Lebenskunst des Balancierens von Privatem und Beruflichem, und zwar mit Fokus auf Lösungen in kleinen, aber feinen Schritten.

Wie es mit etwas Training aussehen könnte …

»Ob du denkst, du kannst es oder kannst es nicht: Du wirst in jedem Fall recht behalten.«

Henry Ford

Trainingsaufwand für Lösungsfokus: zwei Minuten
Je hektischer der Alltag, je dichter der Zeitplan, desto wichtiger ist ein kurzes Innehalten zwischen den To-dos und Terminen. Zwei Minuten reichen (okay, du brauchst sie mehrmals am Tag), um innezuhalten, zur Ruhe zu kommen und dich zu fokussieren. Diese zwei Minuten kosten uns nicht zusätzlich Zeit, sondern sorgen dafür, dass wir konzentrierter denken und wirksamer handeln. Was uns letztlich wieder Zeit spart.

Tool: Lösungsfokus-Training

Gehe dafür an einen ruhigen Ort, vielleicht auf den Balkon, einen Besprechungsraum, zur Not auch auf die Toilette, schließe kurz die Augen, atme dreimal tief ein und aus und stelle dir dann die Fragen:

»Was will ich mit meiner nächsten Aktivität konkret erreichen?«

Wenn du zum Beispiel kurz vor einem Meeting stehst, in dem gerne viel durcheinandergeredet wird und du häufig gar nicht mehr dazu kommst, dein Anliegen vorzubringen, dann könnte dein Ziel lauten: »Ich melde mich früh zu Wort und bringe meine gut vorbereiteten Argumente in zwei Sätzen auf den Punkt. Wenn Tobias mich unterbrechen will, hebe ich die Hand und sage, dass ich ausreden möchte.«

Sitzt du vor deinem übervollen Mail-Eingang, nimmst du dir vielleicht vor: »Ich antworte 30 Minuten lang kurz und freundlich auf die wichtigsten Nachrichten und reduziere das Postfach auf maximal 30 verbleibende Nachrichten.«

Sollst du mit deinem Sohn seine ungeliebten Hausaufgaben durchgehen, weil ihr vereinbart habt, das künftig abends zu machen, bleibst du womöglich noch kurz im Auto vor der Haustür sitzen und sagst dir: »Ich schaue, erkläre und höre jetzt 30 Minuten zu und lasse mich überraschen, was ihn beschäftigt oder ihm schwerfällt. Danach spielen wir noch eine Runde »Uno« – auch wenn wir nicht ganz fertig geworden sind. Morgen machen wir das genauso, bis uns die Routine leichtfällt.«

Diese **Miniroutine** des Innehaltens bringt zwei wichtige Vorteile mit:

1. Du kommst vom Hadern ins **Handeln**, von der Reaktion in die **Aktion**, vom Problem zur **Lösung**.

2. Es fällt dir mit der Zeit immer leichter, zu tiefer **Konzentration** zu finden.

Fang auch hier klein an und notiere dir, in welchen Situationen du künftig vorher innehalten willst:

Und reflektiere abends, wo dir das Fokus-Finden gelungen ist und was es dir gebracht hat.

Ines:
Dieses Lösungsfokus-Training fiel mir zum ersten Mal in die Hände, als ich an einem Artikel über Lernstrategien für Studierende arbeitete. Ich dachte mir sofort: Das hilft mir auch! Seitdem nehme ich mir auch vor jeder Schreib- und Konzepteinheit ein messbares Ergebnis vor. Wenn ich sage: »Nach den zwei Stunden will ich einen ersten Trainerleitfaden-Entwurf für das neue Seminar vor mir haben«, dann schaffe ich das auch, weil ich mich bei keinem Punkt allzu lange aufhalte. Nachbessern kann ich morgen immer noch. Das funktioniert deutlich schneller, als wenn ich erst mal anfange und schaue, wie weit ich komme. Denn da will ich jede Einheit gleich richtig gut entwickeln und verzettle mich dann gerne.

Manchmal fällt es uns vor lauter Zielen, Infos und Anfragen gar nicht so leicht, unseren konkreten Fokus auf den Punkt zu bringen. Was ist denn jetzt wichtiger? Das Meeting fürs Netzwerken mit Kollege Willi zu nutzen oder für das eigene Anliegen einzustehen oder endlich zu begreifen, worum es den anderen eigentlich geht? Ist mir das gute Verhältnis zu meinem Sohn am wichtigsten oder eine entspannte Haltung zum Thema Hausaufgaben oder dass er ein gutes Zeugnis bekommt, damit ihm alle Möglichkeiten offenstehen? Je nach Fokus würde ich mich anders verhalten.

Fokus finden und Fluss erleben: Navigiere durch verschiedene Lebensentwürfe

Damit du herausfindest, was zuerst für dich zu tun ist, und du gleichzeitig dein Energielevel im Blick behältst, arbeiten wir mit der »Expedition Lebenswege« (angelehnt an die Odyssee-Pläne von Bill Burnett und Dave Evans).

Tool: Expedition Lebenswege

Auch wenn wir immer wieder die Erfahrung machen, dass wir die Zukunft nicht wirklich planen können: Wir schauen jetzt trotzdem mal drei Jahre weiter. Und zwar mit drei verschiedenen Lebensentwürfen, die für dich infrage kommen könnten. Zum Beispiel folgende:

Lebensweg A: Wenn du genauso weitermachst wie bisher
Lebensweg B: Wenn du deinen absoluten Traumjob umsetzt
Lebensweg C: Wenn du ein komplett anderes Leben führst

Du kannst aber auch gerne deine drei Lieblingsideen aus unserem Job-Randomator von Kapitel 5 nehmen. Oder mehr oder weniger Lebensentwürfe mit auf deine Expedition nehmen – je nachdem, wie viel Zeit du dir nehmen willst. Wir empfehlen drei Entwürfe, um einen Vergleich zu haben und gleichzeitig nicht den Überblick zu verlieren.
Nutze die Vorlagen auf den nächsten Seiten und schreibe – am besten mit Bleistift – direkt in die Titelzeile den Namen, den du deinem ersten Lebensentwurf geben möchtest (zum Beispiel, wenn du die Option »Wenn ich genauso weitermache wie bisher« durchspielst, kannst du sie »Same procedure as every year«, »Im Alltagstrott«, »Sicher ist sicher« oder wie auch immer nennen). Ein Beispiel von einer unserer Coachees findest du gleich im Anschluss an diese Beschreibung.
Dann stellst du dir folgende Fragen und vermerkst deine Antworten in der Vorlage:

- Was möchtest du in diesem Entwurf beruflich in drei Jahren erreicht haben (zum Beispiel finanzielles Polster von X Euro angespart, Projekt YZ zur Marktreife gebracht, zehn eigene Kunden gewonnen und ein Jahreseinkommen von X Euro, zur totalen Gelassenheit im täglichen Wahnsinn gefunden etc.)? Trage dein Ziel im Koordinatensystem oben rechts ein).
- Was soll am Ende dieser drei Jahre privat passiert sein (zum Beispiel kann ich die Inventionen von Bach auf dem Klavier spielen, Marathon laufen, durch Kanada reisen, ein Haus bauen, eine Familie gründen etc.)? Trage auch dieses Ziel im Blatt unter »privat« und »Jahr 3« ein.
- Jetzt gehst du nach links auf deinem Blatt ins erste Jahr und überlegst, was du als Erstes machen musst, um dein 3-Jahres-Ziel zu erreichen. Im Job vielleicht eine Weiterbildung oder Mentoren und Verbündete finden, Netzwerke oder Verbände, Menschen mit ähnlichen Erfahrungen für Interviews, Entscheidungen treffen (zum Beispiel will ich das alleine machen oder mit Partner:in?) etc. Privat könnten das Punkte sein wie Coach suchen, Urlaubswochen fest blocken, tägliche Routinen entwickeln etc.
- Schließlich wendest du dich dem zweiten Jahr in der Mitte zu und überlegst, welche Meilensteine oder mittelfristigen Aktionen dir beim Erreichen deiner privaten und beruflichen Ziele wirklich helfen können, zum Beispiel erste fünf Kunden gewonnen, Anlagestrategie entwickelt, Meditation gelernt, 20-km-Lauf gewuppt, Partner gefunden, Stakeholder ins Boot geholt etc.
- Bist du fertig mit den Zeitleisten? Dann schau in Ruhe noch mal auf deinen Lebensentwurf und beantworte die Fragen auf der rechten Seite: Wie realistisch findest du das Szenario? Wie viel Begeisterung löst es bei dir aus? Und was solltest du als Erstes unternehmen beziehungsweise klären?
- Dann nimmst du dir deine Lebensentwürfe Nummer zwei und drei vor, wo du ruhig wieder ein bisschen größer denken darfst.
- Kannst du danach schon einen Favoriten-Entwurf benennen? Gewöhne dir an, in der nächsten Zeit vielen Menschen von deinen Entwürfen zu erzählen. Beim Sport, beim Kaffeetrinken oder nach dem Kino. Je häufiger du von einer Idee oder einem Entwurf erzählst, desto besser geht dir die Beschreibung über die Lippen,

und desto besser spürst du, ob dir die Vorstellung wirklich behagt oder nicht. Und was du dafür noch tun kannst. Die Ideen scheinen allen zu unrealistisch? Wie wären sie machbarer?

- Am Ende entscheide dich für deine Lieblingsidee – und schon hast du einige Ansätze für kleine Schritte in die richtige Richtung.

Außerdem hast du nun einen weiteren Orientierungspunkt für dein 2-Minuten-Fokus-Training. Wenn du nicht weißt, worauf du deinen Fokus bei deiner nächsten Aktivität legen sollst, dann frage dich: **Welcher Fokus bringt mich meinem 3-Jahres-Ziel näher?**
Reflektiere ganz zum Schluss, welche Erkenntnisse du aus deiner Expedition ziehst und was du jetzt als Allernächstes konkret unternimmst.

Unsere Coachee Luzia war in der Kundenberatung eines Elektrohandels tätig und wählte für sich folgende Lebensentwürfe für ihre Expedition aus:

1. »Alles beim Alten« (wenn sie so weitermacht wie bisher)
2. »Luzias Place« (ihr Traumjob – ein eigenes kleines Café)
3. »Am See leben und arbeiten« (ein ganz anderes Leben führen)

Luzia sagte schon zum Einstieg, sie sei bodenständig und realistisch. Deshalb fiel es ihr gar nicht so leicht, einen Traumjob zu nennen und dann noch ein ganz anderes Leben, das sie sich vorstellen könnte. »Wozu?«, fragte sie. »Um deine Optionen zu erweitern und so auf neue Ideen zu kommen«, antworteten wir. Nach dem Durcharbeiten der drei Entwürfe wurde klar: Am allerliebsten würde sie ein Café am Seeufer führen! Also entwarf sie einen weiteren Plan für dieses Leben. Und wurde von Minute zu Minute lebendiger.

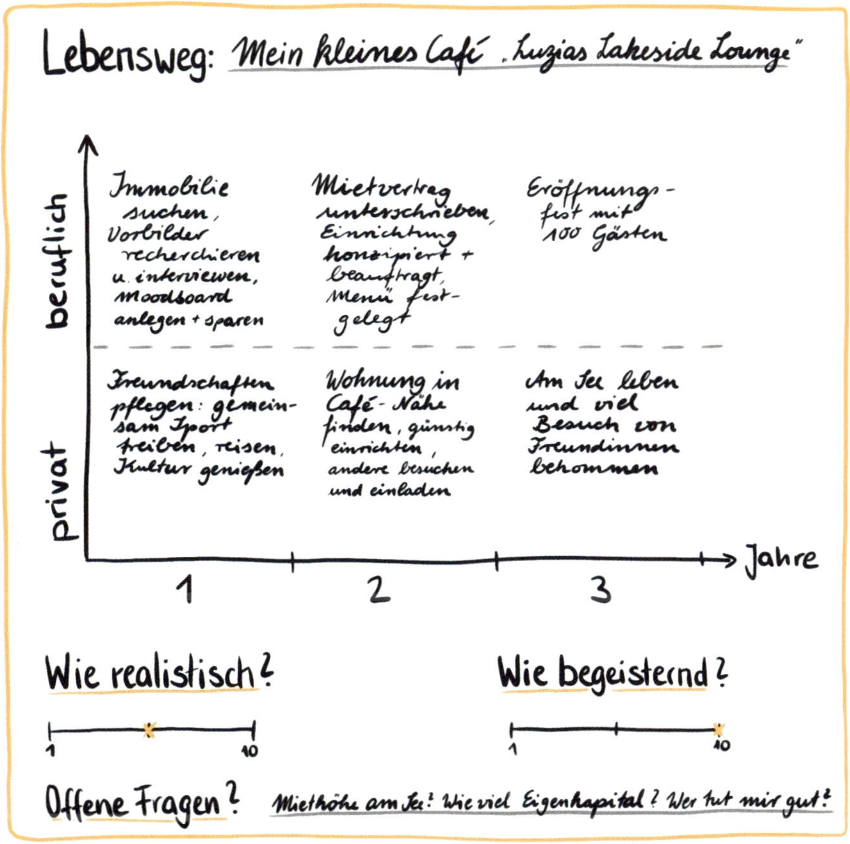

Natürlich war Luzia als bodenständige und realistische Person mit vielen ebensolchen Menschen befreundet, die erst mal die Augenbrauen hoben, als sie von ihrem Plan erzählte. Doch sie fragte jedes Mal: Was würde meinen Plan noch realistischer machen?

Nach einem guten Monat Recherchen und Interviews hat sie folgende Strategie erarbeitet:

1. Weiter im Elektrohandel arbeiten und tatsächlich an einen See ziehen (maximaler Arbeitsweg 45 Minuten).
2. Fernziel: Dort in etwa drei bis fünf Jahren, wenn sie integriert und vernetzt ist und noch mehr Geld gespart hat, ein Café eröffnen.
3. In der Zwischenzeit immer wieder andere Cafés besuchen, Kuchenrezepte sammeln und ausprobieren, Moodboard mit Stoffen, Tapeten und Fotos zur Inneneinrichtung auf einer großen Pinnwand sammeln.
4. Auf Instagram beginnen, zu Kaffeehauskultur und moderner Bäckerei (»Klassiker neu interpretiert«) posten.
5. Bei jeder Gelegenheit darüber sprechen und ein Investitionskonzept (Crowdfunding) für Freunde überlegen (Vorschlag kam aus dem Freundeskreis).
6. Neue Backrezepte entwickeln und zu Verkostungen nach Hause einladen.
7. Kooperationsmöglichkeiten mit bereits existierenden Cafés testen.
8. Nach zwei bis drei Jahren eventuell umsteigen auf Teilzeit und Shared Leadership mit einer Kollegin, um mehr Zeit für den Aufbau des Cafés zu haben.
9. Oder entscheiden, dass der Aufwand doch zu hoch ist, es ein schöner Traum war, sie ihn nun aber beruhigt loslassen kann und noch mal ganz neu nach anderen Tätigkeiten am See suchen will.
10. In jedem Fall hat sie viel gelernt in dieser Zeit, vor allem, was unternehmerisches Denken und ihr Netzwerk angeht. Das eröffnet ihr neue Tätigkeitsbereiche, auf die sie sich nun bewerben kann.

Jetzt bist du dran. Fülle die nächsten drei Seiten mit deinen Lebensentwürfen aus.

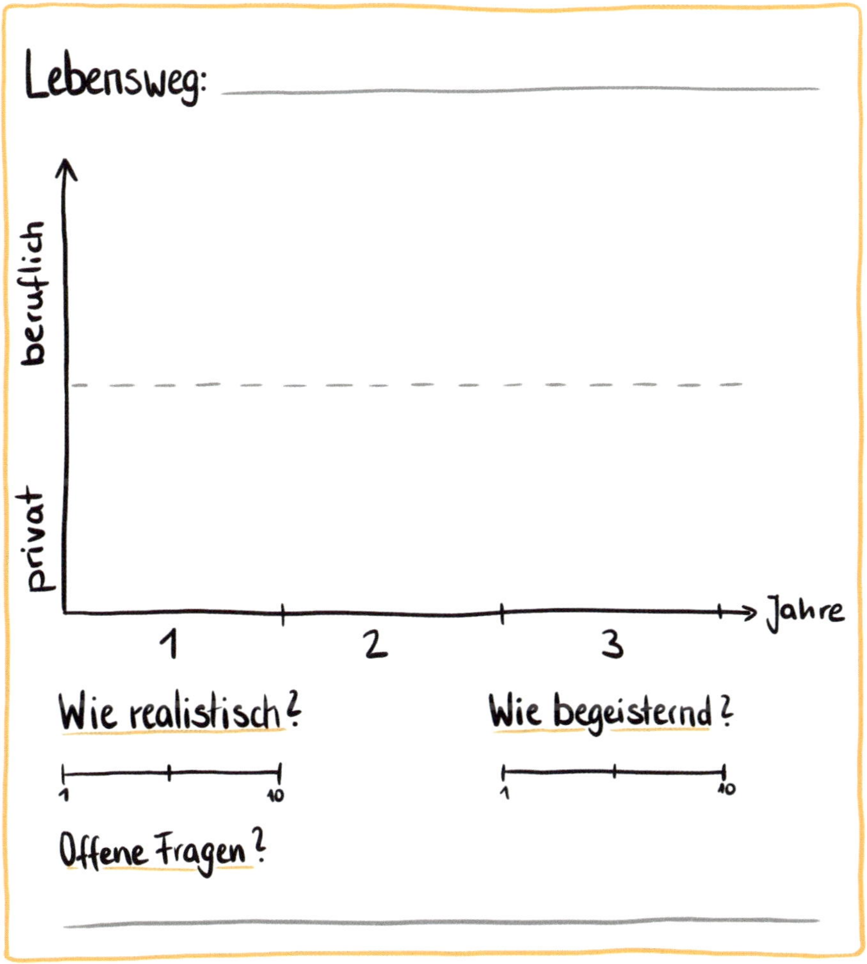

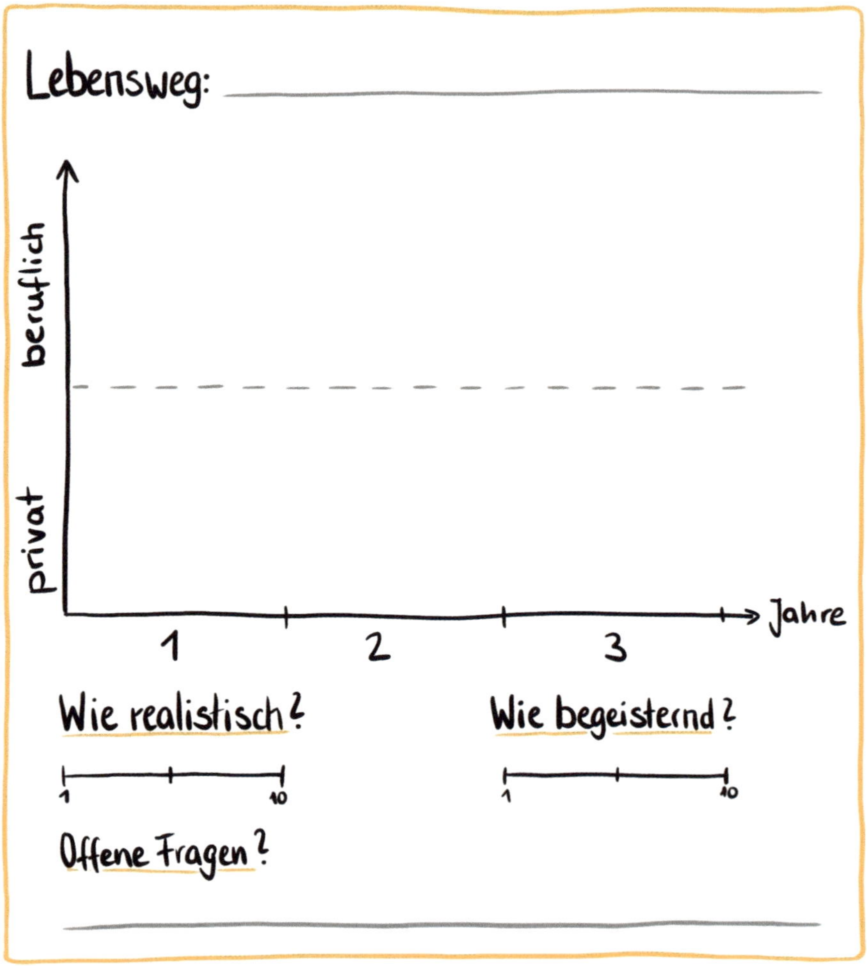
Lebensweg:
beruflich
privat
Jahre
1
2
3
Wie realistisch?
1
10
Wie begeisternd?
1
10
Offene Fragen?

Lebensweg: ______

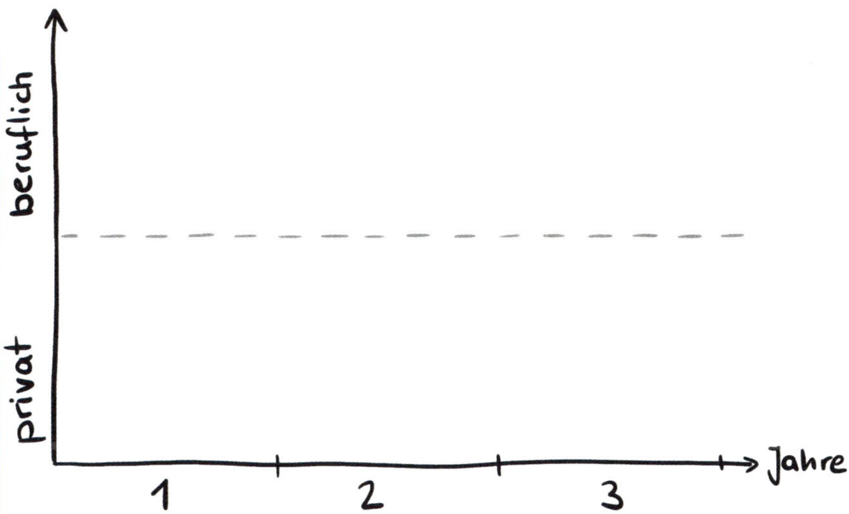

Wie realistisch?

1 — 10

Wie begeisternd?

1 — 10

Offene Fragen?

Ob du nun ein ganz neues Leben planst, dich innerhalb deines jetzigen Unternehmens weiterentwickeln oder die Branche wechseln willst: Möglicherweise kommen dir jetzt, wo es mit den Lebensentwürfen immer ernster wird und du noch mehr mit anderen Menschen über deine Ideen reden sollst, leise Zweifel. Bin ich gut genug? Sind das nicht Hirngespinste? Für diese Momente möchten wir dir noch die »Alter-Ego-Technik« von Beyoncé, Adele und wahrscheinlich vielen anderen Menschen vorstellen.

Batman hilft

Die britische Sängerin und Songwriterin Adele hat einen Oscar, einen Golden Globe und 16 Grammys gewonnen, dazu verkaufte sie über 100 Millionen Tonträger. Kaum zu glauben, dass diese Frau einst so unter Lampenfieber litt, dass sie bei einem Konzert in Amsterdam mit einer Flucht durch den Notausgang liebäugelte.

Geholfen hat ihr in dieser Phase eine Strategie der Kollegin Beyoncé, die sich einfach ein Alter Ego zulegte, das ihr Selbstbewusstsein auf der Bühne gab. »Sasha Fierce« strotzt vor Selbstbewusstsein und genießt jeden Auftritt in vollen Zügen. Aus den Nullerjahren gibt es sogar das Album »I am ... Sasha Fierce«. Im Interview mit Oprah Winfrey erzählte Beyoncé, dass sie kurz vor dem Auftritt, bevor sie nervös werden könnte, in die Haut von Sasha Fierce schlüpft. Dann ändern sich ihr Gang, ihre Stimme, ihr Auftritt.[1]

Adele ließ sich also von der Kollegin inspirieren und erschuf »Sasha Carter«. Die war eine Mischung aus Sasha Fierce und der Country-Legende June Carter Cash. Und sie gab Adele die Kraft, selbstbewusst und kraftvoll auf die Bühne zu gehen – so, wie sie schon immer sein wollte.

Dieser Effekt wurde sogar schon wissenschaftlich untersucht. Ein Forscher:innen-Team der University of Pennsylvania wollte wissen, ob das Schlüpfen in andere Rollen Kindern dabei hilft, Aufgaben besser zu bewältigen. Sie teilten Kinder im Alter von vier bis sechs Jahren in drei Gruppen auf. Gruppe eins erhielt keinerlei spezifische

Anleitungen, Gruppe zwei sollte über ihre Gefühle nachdenken, und Gruppe drei sollte so tun, als seien sie Superhelden. Dann gab es für alle Kinder die gleiche Aufgabe. Das Ergebnis: Die Superhelden-Kinder zeigten deutlich mehr Selbstbeherrschung, Konzentration und Ausdauer als die Kinder aus den anderen beiden Gruppen. Diese Beobachtung nannten die Forscher:innen »Batman-Effekt«, und spätere Untersuchungen zeigten, dass sich mit dieser Strategie auch Versagensängste und Prokrastination überwinden lassen.

Na dann: Nutzen wir den Batman-Effekt doch ab sofort auch für unsere Pläne.

Einladung zur Selbstreflexion:

Welche Menschen inspirieren dich durch ihren Mut, ihre Cleverness, ihre Natürlichkeit, ihren Humor oder ihre Art, an große Themen heranzugehen?
Notiere ein paar davon:

____

____

____

Welche Namenskombination löst am meisten bei dir aus? Wie soll dein Alter Ego heißen, den oder die du in Zukunft immer zurate ziehen kannst, wenn dir etwas schwerfällt? Stell dir die Person in allen Einzelheiten vor, wie sie aussieht, wie sie läuft, wie sie spricht und welche Gesten sie gerne macht. Notiere ein paar Stichworte dazu:

____

____

____

Ines:

Ich stehe zwar eher selten auf einer großen Bühne, mag aber den Perspektivwechsel durch ein Alter Ego sehr. Mir hilft das vor allem, wenn mich jemand schräg anmacht oder ungerecht behandelt. Da fällt mir selten auf Anhieb etwas Schlaues ein, was ich erwidern könnte, das kommt meistens erst Stunden später. Deshalb heißt mein Alter Ego für solche Fälle »Dunja Neureuther«.

Dunja Hayali ist für mich eine der spannendsten Journalistinnen im deutschen Fernsehen. Ob Sport, Politik oder Gesellschaft – sie sucht sich in ihren Bereichen aus, was sie interessiert, und berichtet mal völlig neutral, mal sehr meinungsstark. Ohne Furcht vor Hetze. Wenn's ihr dann doch zu viel wird, steigt sie aus. Auf mich wirkt sie so frei! Sei es, wenn sie mit dem Motorrad unterwegs ist oder mit Wilma, ihrer Labradorhündin, am Strand tobt.

Felix Neureuther hat sicher oft in seinen jungen Jahren die Zähne zusammenbeißen müssen, um seine Siege im Alpin-Ski-Weltcup einzufahren. Angemerkt hat man es ihm selten, dafür lockt er jedem mit seiner sympathisch-verschmitzten Art ein Schmunzeln ins Gesicht – ob man will oder nicht. Seine Prominenz nutzt er heute, um über seine Stiftung Bewegung und Gesundheit in der deutschen Bevölkerung zu fördern. So sinnvoll!

Wenn ich heute eine Idee habe, teile ich sie meist erst mal mit den Menschen in meinem Umkreis, die ohnehin wertschätzend und konstruktiv kommunizieren. Soll es jedoch wirklich weitergehen mit meiner Idee, muss ich irgendwann auch raus zu den anderen. Und da sind dann gerne mal Leute dabei, die mein zartes Ideenpflänzchen gleich mit Spikes niedertrampeln wollen. In solchen Momenten schlüpfe ich in die Rolle von »Dunja Neureuther«, richte mich auf, schaue mein Gegenüber leise schmunzelnd an und spüre dann meine Freiheit und meinen intensiven Wunsch nach sinnvollem Handeln. Dann sage ich entweder etwas – oder ich ziehe direkt weiter.

Wenn du jetzt auch Lust auf ein eigenes Alter Ego bekommen hast, dann mach dich auf die Suche nach Inspirationsquellen. Hier noch ein paar Beispiele von Menschen, die hartnäckig und erfolgreich für ihre Ideen kämpften:

- TV-Moderatorin und -Köchin **Martha Stewart** baute auf ihren persönlichen Leidenschaften und Fähigkeiten ein erfolgreiches Geschäftsmodell auf, das Lifestyleprodukte, Kochbücher, Zeitschriften und ein börsennotiertes Medienunternehmen umfasst.
- Der ehemalige Basketballspieler **Dirk Nowitzki** wurde in der Schule als »Skeletor« beschimpft, weil er so groß und schlaksig war, und traf nach seinem Wechsel als 20-Jähriger in die USA erst mal den Korb nicht mehr. Viel Heimweh und kaum Englischkenntnisse machten ihm das Leben schwer, »ein Witz, der Typ«, hieß es. Im vergangenen Jahr wurde er als erster Deutscher in die US-amerikanische »Naismith Memorial Basketball Hall of Fame« aufgenommen.
- **Helene Fischer** startete ihre Karriere als Schlagersängerin, als das Genre als hoffnungslos verstaubt und gestrig galt. Heute füllt sie ganze Stadien und zählt zu den weltweit bestverdienenden Musiker:innen.
- Als **Angela Merkel** in die Politik ging, trauten ihr die meisten politischen Beobachter wenig zu. Sie war eine Frau und zudem aus der ehemaligen DDR. Da hat sie so manchen wohl überrascht als eine der einflussreichsten Politiker:innen der Welt.
- **Oprah Winfrey** musste sich alles selbst erarbeiten, wurde zu Beginn ihrer Karriere mehrmals entlassen und aufgrund ihrer Hautfarbe im damals noch stärker männlich dominierten US-Fernsehen häufig diskriminiert. Heute leitet sie ein eigenes Medienimperium mit Produktionsfirma, Frauenmagazin und persönlichem Sender.
- Erste Bekanntheit erlangte **Arnold Schwarzenegger** als Bodybuilder und Mr. Universum, später folgte eine beeindruckende Schauspielkarriere des gebürtigen Österreichers, eine politische Laufbahn als Gouverneur von Kalifornien und unter anderem die Mitgründung der Fast-Food-Kette »Planet Hollywood«. Dabei kam er mit einem Herzfehler zur Welt und wurde zu Beginn jeder neuen Lebensstation belächelt.

Die Liste ließe sich mühelos weiterführen. Wenn du magst, recherchiere selbst noch ein bisschen. Allein zu sehen, wie andere Menschen ihren Leidenschaften trotz aller Hindernisse nachgegangen sind, hat etwas sehr Motivierendes.

Wofür die Kombination aus zwei Namen?
Du kannst dich natürlich auch einfach fragen: Was würde Arnie jetzt sagen? Aber du willst ja niemanden komplett kopieren, sondern eine ganz eigene Art entwickeln, die mit der Zeit deine Persönlichkeit erweitert. Das geht einfacher, wenn du schon mit einer Mischung aus zwei Menschen startest. Als dritter Charakter kommst du selbst hinzu. Schau mal, wer dein Alter Ego sein könnte und wie er oder sie dich in deinem Leben unterstützen könnte.

Tool: ***Alter Ego***

Du hast dein Alter Ego, also ein zweites, dich unterstützendes ICH gefunden? Wie heißt es:

Stell dir jetzt vor, wie diese Mischung der beiden Personen aussehen könnte. Wie steht sie da? Wie guckt sie? Wie spricht sie? Was denkt sie über sich? Wie bewegt sie sich? Hat sie eine typische Geste? Um dir das besser vorstellen zu können, drucke dir gerne zwei Bilder aus und hänge sie so auf, dass sie dir häufiger begegnen. Oder sieh dir Videos der von dir ausgewählten Personen an.
Nun kannst du dich immer, wenn du Support brauchst, fragen: Was würde XY jetzt sagen oder tun? Weil das selten auf Anhieb klappt, gewöhne dir an, wenigstens einmal in der Woche die vergangenen Tage Revue passieren zu lassen und nach Situationen zu suchen, in denen du gerne anders reagiert hättest. Spiele die Situation gedanklich oder schriftlich noch mal durch, diesmal zusammen mit deinem Alter Ego.

In welchen Situationen der letzten Tage hättest du ____________ gut brauchen können:

Was hätte ____________ an deiner Stelle wohl gemacht oder gesagt?

Wenn du diese Gedankenspiele eine Weile lang regelmäßig durchführst, wird dir dein Alter Ego bald ohne Probleme in den Sinn kommen, wenn du es brauchst.

Helene Merkel hat super Tipps parat!

Das Thema Lösungsorientierung schließen wir mit einem virtuellen Kaffeeklatsch ab. Hol dir eine Tasse deines Lieblingsgetränks, gerne auch ein Stück Kuchen, und öffne ChatGPT (https://chat.openai.com/).

Mini-Tool: ***Frag die KI***

Dieses Mini-Tool soll dir immer dann helfen, wenn du denkst: »Ich will heute nicht allein kreativ sein« oder »Mir fällt einfach nix ein«. Rücke deinen Stuhl zurecht, nimm noch einen Schluck und dann stelle der künstlichen Intelligenz alle Fragen, die dich bewegen, zum Beispiel:

- Ich habe die Ausbildung und Erfahrungen als A, interessiere mich für die Themen B und C, und ich mache gerne D und E. Welche Berufe gibt es dazu?
- Ich habe folgende Geschäftsidee … Kennst du Vergleichbares und wenn ja, wer bietet das an?
- Ich würde gerne nebenher ein kleines Business gründen. Wie soll ich vorgehen?
- Ich möchte mich in meinem jetzigen Unternehmen weiterentwickeln. Bisher bin ich in Abteilung A, wo mir zu wenig XY passiert. Welche Abteilungen kämen für mich noch infrage?
- Ich fürchte, mein Beruf stirbt langsam aus. Was könnte ich mit meinen Kenntnissen A, B und C tun, was auch in Zukunft gefragt sein wird?
- Ich möchte von Branche A nach Branche B wechseln. Wie soll ich vorgehen?
- Usw.

Höre nach der ersten Antwort nicht auf, sondern frage weiter nach Tipps wie:

- Welche kritischen Fragen würdest du mir stellen?
- Was wäre eine gute Antwort auf die Frage XY?
- Das ist mir zu altmodisch, hast du auch moderne Tipps?

Tipp: Sei nett zu deiner KI, dann ist sie auch nett zu dir. Die Tipps sind meist besser, wenn du dich zum Einstieg kurz vorstellst (»Hallo, ich bin Yasmin und arbeite im Marketing eines Pharmaunternehmens. Jetzt …«). Tatsächlich legt eine wachsende Anzahl von Studien nahe, dass Menschen, die freundlich zu KI-Systemen sind (hallo, bitte und danke sind gute Ansätze ;-)), bessere, kreativere und genauere Antworten erhalten.

Was du aus Kapitel 5 zum Thema Lösungsorientierung mitnehmen kannst:

1. Lösungsorientierung liegt uns nicht unbedingt im Blut, und wir lernen auch in der Schule eher, Fehler zu suchen. Den Fokus auf Lösungen zu richten lohnt sich jedoch enorm: Es macht uns insgesamt kreativer, zufriedener und erfolgreicher.

2. »Wie könnte ich das lösen?« ist eine der hilfreichsten Fragen, weil sie unser Gehirn bereits in Antworten denken lässt.

3. Wir leben in unsicheren Zeiten, und es werden weitere unsichere Jahre folgen. Mit den Prinzipien der Effectuation kommen wir leichter ans Ziel: Welche **Ressourcen** stehen mir zur Verfügung? Welche **Mittel** bin ich bereit, für mein Ziel einzusetzen? Mit wem könnte ich fruchtbare **Partnerschaften** eingehen? Wie kann ich die Augen offen halten und die **Zufälle** für mein Ziel nutzen?

4. Unsere Welt und unser Leben werden sich kaum weniger komplex entwickeln. Wir können aber Schritt für Schritt trainieren, fokussierter zu sein und mit unseren verschiedenen Lebensbereichen zu jonglieren.

5. Schon zwei Minuten Fokus vor jeder Aktivität sparen uns viel Zeit und Energie.

6. Wenn wir uns verschiedene, für uns attraktive Lebensträume erlauben und visualisieren, können wir zu durchaus realistischen Entwürfen für unsere Zukunft kommen.

7. Ein passendes Alter Ego kann dir dabei helfen, immer zuversichtlicher und souveräner zu werden.

8. Künstliche Intelligenz erobert unser Leben. Du kannst sie wunderbar auch für die Fragen nutzen, die dich zu deiner Zukunft beschäftigen.

6

NETZWERK ORIENTIERUNG

Wie du stärkende Beziehungen aufbaust

Egal was uns Schlimmes zustößt, egal welchen Herausforderungen wir gegenüberstehen oder was wir bewältigen müssen – es hilft uns immer zu wissen, dass wir nicht allein sind, dass andere Menschen zu uns halten und uns unterstützen. Unser Netzwerk, unsere Beziehungen sind deshalb ein weiterer wichtiger Resilienzfaktor.

Carolin:
Bevor ich mich selbstständig gemacht habe, hatte ich viele Jahre einen festen Job. Nun ganz auf mich gestellt zu sein war ein großer Schritt für mich. Zum Glück kannte ich bereits einige Selbstständige, die mir sehr freigiebig Tipps gaben, mir ihr Ohr liehen und mir mit wichtigen Impulsen weitergeholfen haben. Neben all dieser konkreten, praktischen Hilfe war aber das Wichtigste dabei: Ich hatte nicht das Gefühl, allein zu sein. Ich wusste, es gibt Menschen, die ich jederzeit anrufen könnte. Die an mich glauben und mich unterstützen, wenn ich es brauche. Das gilt bis heute und bedeutet mir sehr viel.

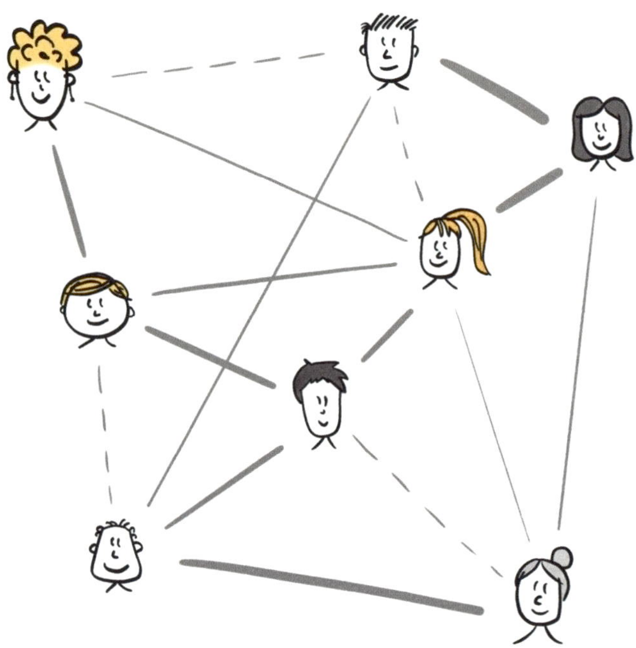

Wir alle sind über engere oder losere Bande miteinander verbunden

Niemand lebt sein Leben völlig autark. Wir alle sind miteinander verbunden und voneinander abhängig. Das wird uns im Alltag nur selten bewusst. Aber allein könnten wir nicht überleben. Es lohnt sich, daran immer mal wieder zu denken: Jemand hat unsere Lebensmittel produziert. Jemand hat unsere Kleidung genäht. Jemand hat das Haus gebaut, in dem wir wohnen. Jemand fährt den Bus oder die Bahn, die uns zur Arbeit bringt. Jemand betreut unser Kind oder pflegt unsere Oma. Jemand grüßt uns und lächelt uns an. Und auch wir selbst sind ein Knoten in diesem Geflecht.

Einladung zur Selbstreflexion:

Wer hat heute schon etwas für dich getan?

____

____

Was hast du heute schon für andere getan?

____

____

In unserer Welt sind viele dieser Verbindungen nicht mehr persönlich – wir kennen unsere Bäckerin, unseren Schneider häufig nicht mehr. Trotzdem haben wir alle ein persönliches Netzwerk: Menschen, denen wir uns verbunden fühlen, zu denen wir eine Beziehung haben. Und dieses Netzwerk können wir gezielt stärken. So sind wir besser für Krisen gewappnet.

Denn gerade in Situationen, in denen das Leben uns herausfordert oder wir vor einer schwierigen Aufgabe stehen, brauchen wir oft die Unterstützung anderer. Allerdings ist Hilfe nicht gleich Hilfe. Wir können differenzieren, welche Art von Hilfe wir brauchen – und von wem wir sie am ehesten erhalten. Drei Formen von Unterstützung sind dabei relevant.

Emotionale Unterstützung

Es gibt sie, die Situationen, wo wir vor allem jemanden brauchen, der uns emotional zur Seite steht. Häufig sind das Krisen, die uns schwer erschüttern: eine Trennung zum Beispiel, eine schwere Krankheit oder der Tod eines Angehörigen. Aber auch eine Kündigung kann uns aus der Bahn werfen.

In diesen Situationen brauchen wir vor allem jemanden, bei dem wir uns ausweinen können, der uns eine Schulter und ein Ohr leiht (und Taschentücher reicht). Wir wollen unsere Gefühle frei äußern, ohne Angst, uns zu blamieren oder lächerlich zu machen. Häufig suchen wir deshalb die Nähe von uns sehr nahestehenden Menschen für diese Art der Unterstützung – den Partner oder die Partnerin, den besten Freund oder die Schwester.

Und wenn jemand gerade unsere Schulter braucht? Dann sollten wir uns daran erinnern: Der andere benötigt in dieser Situation (noch) keinen Rat, keine Tipps oder Lösungen. Sondern einfach eine emotionale Entlastung und das Gefühl, nicht allein zu sein. Und vielleicht noch ein Taschentuch.

Verzweiflung braucht keine Ratschläge – sondern Arm, Schulter und Ohr

Praktische Unterstützung

Eine ganz andere Art von Unterstützung brauchen wir in Krisen, in denen uns Ressourcen fehlen – und zwar ganz praktisch. Unser Auto streikt, und in der Kita wartet unser Kind auf uns. Unsere Schwester heiratet, und an dem Wochenende haben wir eigentlich Nachtdienst. Oder wir müssen dringend eine Präsentation fertigstellen, aber unser Rechner beschließt, dass jetzt der ideale Zeitpunkt für ein Update ist (»Noch 23 ... 45 ... 13 ... 13 ... 13 ... Minuten«).

Allein lösen wir die Situation nicht. Wir brauchen praktische Hilfe. Menschen, die uns mit konkreter Hilfestellung unterstützen. Das müssen nicht immer uns sehr nahestehende Menschen sein – sondern vor allem Menschen, die über die Ressourcen verfügen, die uns aktuell fehlen. In den Beispielen oben könnten das die Eltern eines anderen Kindes sein, die unseres mit abholen. Oder die Kollegin, die mit uns den Dienst tauscht. Oder der IT-Kollege, der uns einen anderen Laptop leiht.

Je konkreter wir hier nach Hilfe fragen, desto wahrscheinlicher ist es, dass wir auch eine passgenaue Unterstützung bekommen. Oft sind die Beziehungen zu diesen Menschen zwar vertrauensvoll, aber emotional weniger eng. Manchen Menschen fällt es deshalb schwer, nach dieser Art von Hilfe zu fragen. Sie haben verinnerlicht, dass sie alles allein schaffen müssen. Und wie ist das bei dir? Wie leicht fällt es dir, um praktische Hilfe zu bitten?

Informelle Unterstützung

Schließlich gibt es Situationen, da fehlen uns einfach Wissen und Erfahrung. Welche Unterstützung für Selbstständige gibt es von der Arbeitsagentur, und wie beantrage ich die? Wo finde ich schnell eine Pflegekraft für meinen Vater? Gibt es in meinem Stadtteil eine gute Tagesmutter? Vielleicht brauchen wir auch einen Tipp oder eine Empfehlung, zum Beispiel, wie wir uns am besten für einen bestimmten Job bewerben können oder ob die Weiterbildung, die wir uns ausgesucht haben, etwas taugt.

In solchen Fällen ist es für uns meistens aufwendig, uns diese Informationen selbst zusammenzusuchen – andere hingegen haben diese Informationen bereits und teilen sie bereitwillig mit uns. Das können auch Menschen sein, zu denen wir eine eher lose Verbindung haben.

Manchmal wissen wir dabei schon ganz genau, wen wir fragen könnten. Aber häufig ist das nicht der Fall – dann ist es sinnvoll, unsere Netzwerke mit einzubeziehen, also unsere Frage oder unser Anliegen breit zu streuen. Denn oft helfen uns dann eher die Kontakte unserer Kontakte, also losere Verbindungen, weiter. Das gilt auch und gerade bei der Jobsuche: Losere Verbindungen bringen Kontakte in ganz neue Netzwerke – und sind damit für uns ergiebiger als enge Freunde, die häufig in sehr ähnlichen Kreisen wie wir eingebunden sind.

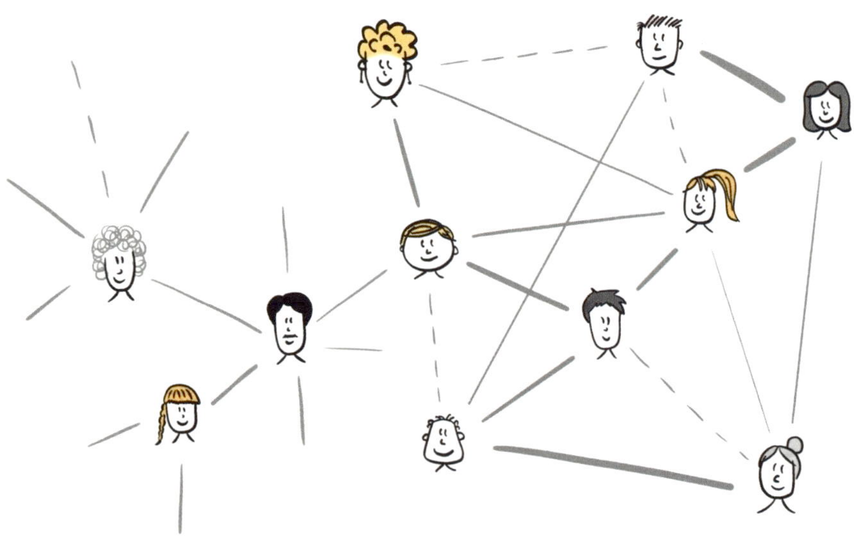

Der Cousin von dem Freund meiner Schwester …

Auch Kontakte zweiten Grades können uns oft hilfreiche Informationen oder Tipps geben – damit potenziert sich auch die Zahl der Menschen, die uns helfen könnten.

Professionelle Hilfe und Hilfe zur Selbsthilfe

Auch wenn wir ein gutes und verlässliches Netzwerk haben, ist uns ein Aspekt – gerade für Krisen – noch wichtig. Manchmal reicht die Unterstützung unseres privaten und persönlichen Netzwerks nicht.

In unserer Gesellschaft gibt es zum Glück ein breites Angebot an professioneller Hilfe und Unterstützung: angefangen von Ärztinnen und Ärzten für gesundheitliche Belange über Psychotherapeut:innen für psychische Erkrankungen bis zu Notfalltelefonen, Beratungsstellen und Selbsthilfegruppen für diverse Krisensituationen (wo es natürlich auch Engpässe oder längere Wartezeiten geben kann). Auch Hilfe zur Selbsthilfe in Form von Coaching kann eine wertvolle Unterstützung sein.

Manchmal hindern uns unsere Glaubenssätze daran, uns einzugestehen, dass wir eine Situation nicht allein bewältigen. Wenn das der Fall sein sollte, schau dir deine Glaubenssätze dazu noch einmal an (das passende Tool findest du in Kapitel 4, Eigenverantwortung). Gerade bei psychischen Problemen ist auch die echte oder gefühlte Stigmatisierung immer noch groß. Dabei gilt: Wir müssen nicht alles allein schaffen. Manchmal ist es der klügste Schritt, sich professionelle Hilfe zu holen.

Vergiss nicht: Du musst nicht alles allein schaffen!

Tool: **Netzwerkanalyse**

Wir haben die verschiedenen Arten von Unterstützung erläutert – und dass wir diese häufig von unterschiedlichen Personen in unserem Netzwerk erhalten. Nun geht es darum, dein Netzwerk dazu einmal zu analysieren. Notiere dir das gern an unserem Bild bei den folgenden Symbolen:

An wen kannst du dich jederzeit wenden, wenn du **emotionale Unterstützung** brauchst (auch abends oder am Wochenende)?

Wen kannst du fragen, wenn du **praktische Hilfe** benötigst? Teil das gern nach Lebensbereichen auf (Job, Kinder, Haustiere, Eltern, Handwerkliches etc.).

Wer könnte dir wertvolle Informationen geben? Über welche Kanäle streust du aktuell deine Fragen? Wen könntest du noch erreichen? Und wie?

Wenn du dir deine Antworten anschaust, was fällt dir auf? Wo hast du schon ein verlässliches Netzwerk? Und für welche Art der Unterstützung könntest du es noch ausbauen?

Wie du mir, so ich dir?

Wie geht das denn nun aber, die eigenen Netzwerke zu stärken? Dazu ist es gut, das Gesetz der Reziprozität zu kennen. Was besagt das Gesetz? Die meisten unserer Beziehungen – davon ausgenommen sind nur unsere ganz engen familiären Bindungen – beruhen darauf. Wir gehen in unseren persönlichen Beziehungen von einem ausgeglichenen Verhältnis von Geben und Nehmen aus. Das müssen auch nicht immer die gleichen Dinge sein, es ist eher ein großer Reigen der Hilfsbereitschaft.

Ein **Beispiel:** Susannes Mutter ist schon älter, wohnt aber noch allein. Während Susanne im Urlaub ist, schaut eine Nachbarin regelmäßig nach der älteren Dame. Dafür hilft Susanne dem Sohn der Nachbarin bei seiner Bewerbung für eine Ausbildung. Und der wiederum packt mit an, als die neue Waschmaschine bei seiner Tante geliefert wird, und so weiter ...

Wir alle sind in solche Kreise eingebunden. Und oft ist das gut ausgeglichen. Doch falls nicht? Wir haben feine Antennen dafür, wenn da dauerhaft ein Ungleichgewicht entsteht. Es gibt Menschen, die nehmen gern, ohne selbst zu geben. Die eine Kollegin, die immer um Unterstützung bittet, aber selbst für andere keinen Finger krumm macht. Die Nachbarn, die bei jedem Grillfest im Hof dabei sind – aber nie etwas mitbringen. Der Kumpel von früher, der sich nur meldet, wenn er mal wieder umzieht und jemanden zum Kartontragen braucht. Von diesen Menschen dürfen wir ruhig Abstand nehmen und auch mal deutlich »Nein« sagen.

Es gibt aber auch das andere Extrem: Menschen, die sehr hilfsbereit sind, bereitwillig etwas teilen oder uns unterstützen. Und dabei selbst nie um etwas fragen. Das klingt erst mal nett. Was diesen Menschen oft nicht bewusst ist: Wir haben nach einiger Zeit immer größere Hemmungen, um etwas zu bitten – weil wir uns nie revanchieren können. Gehörst du auch zu den Menschen, die eher geben als nehmen? Dann mach es anderen Menschen leichter, dich um etwas zu bitten, indem du auch immer mal nach Unterstützung fragst.

Carolin:

Gerade als meine Töchter klein waren, war ich häufiger auf die Unterstützung von anderen angewiesen. Meine Eltern und Schwiegereltern wohnen weit weg und konnten nicht kurzfristig einspringen. In unserer Kita hat sich zum Glück ein Kreis von Eltern gebildet, die sich gegenseitig unterstützt haben. Mal habe ich ein Kind mit abgeholt und bis abends betreut, mal hat jemand anderes meine Tochter mit zum Spielplatz genommen, wenn ich länger arbeiten musste. Bei einer Familie allerdings wohnte die Oma nebenan – sie brauchten die Unterstützung nicht. Und obwohl sie sehr nett waren, habe ich sie nur selten gefragt, wenn ich Hilfe brauchte. Ich hatte immer das Gefühl, mich nicht revanchieren zu können.

Wenn wir unsere Beziehungen stärken wollen, sollten wir also im ersten Punkt nicht fragen, wer uns am besten helfen kann – sondern wen wir selbst unterstützen könnten. Nicht weil wir berechnend sein wollen. Sondern weil Geben einfach Freude macht, unsere Beziehungen stärkt und es uns im Krisenfall leichter macht zu fragen.

Einladung zur Selbstreflexion:

Wem könntest du aktuell Hilfe oder Unterstützung anbieten? In welcher Form (emotional, praktisch, informell)?

Nimm dir für heute eine konkrete Unterstützung vor. Setze sie am besten gleich um.

Und wie erweitern wir unsere Netze?

Vielleicht hast du bei deiner Netzwerkanalyse gemerkt, dass deine Verbindungen schon stabil sind. Aber es könnten mehr sein? Oder diverser? Wir alle haben immer wieder die Gelegenheiten, mit anderen Menschen in Kontakt zu kommen. Wir begegnen täglich neuen Menschen – nur nehmen wir das oft nicht wahr. Und es gibt sehr viele Möglichkeiten, sich gezielt mit anderen Menschen zu vernetzen. Das muss nicht nur über die sozialen Medien sein (obwohl es darüber tatsächlich sehr leicht ist), auch Netzwerktreffen, Veranstaltungen oder einfach nur ein Kaffee mit einem neuen Kollegen sind dafür geeignet.

Aus dabei zufälligen Begegnungen können bereichernde Beziehungen und womöglich sogar gemeinsame Pläne werden. In dem Bestseller »Erfolgsfaktor Zufall« erklärt der Autor Christian Busch, wie wir diesem Zufall auf die Sprünge helfen können und damit die Serendipität – das unerwartete Glück, das sich aus ungeplanten Ereignissen ergibt – für uns nutzen können.

Dabei schlägt er vor, in einem Gespräch mit einem Menschen, den wir noch nicht kennen, nicht die übliche Frage zu stellen: »Und, was machen Sie beruflich?«, sondern eher Fragen zu stellen, mit denen wir auch ungewöhnlichere und tiefere Antworten bekommen:

- Was bringt Sie hierher?
- Was interessiert Sie am meisten?
- Was inspiriert Sie im Moment? Warum?
- Welches Buch lesen Sie gerade? Was finden Sie daran spannend?

Und für Fortgeschrittene:

- Wenn Sie ein Buch schreiben würden, wovon würde es handeln?
- Was begeistert Sie?
- Welche Person hat den größten Einfluss auf Ihr Leben? Warum?
- Welches Erlebnis hat stark dazu beigetragen, dass Sie der/die
- wurden, der/die Sie heute sind?

Wir selbst können auch mehr über uns preisgeben als das übliche »Ich bin Anwältin« oder »Ich arbeite in der IT«. Christian Busch nennt das »Haken anbieten«, also Informationen über sich teilen, bei denen unser Gegenüber einhaken kann. Denn wenn wir Gemeinsamkeiten mit anderen entdecken, schafft das sofort eine Verbindung. Wir nennen also nicht nur unseren Beruf, sondern auch andere Dinge, die uns ausmachen. Ein besonderes Erlebnis, ein Hobby, eine Leidenschaft ...

Carolin:
Wenn ich mich mit »Haken« vorstellen würde, würde ich vermutlich sagen: Ich bin freiberufliche Trainerin und Coach. Ich brenne für das Thema Resilienz, weil mich fasziniert, wie Menschen gut mit Krisen umgehen. Ich singe leidenschaftlich gern – im Chor und in einem Trio. Ich lebe in Berlin und liebe die vielen Facetten dieser Stadt, bin aber auch sehr gern in den Bergen, am liebsten in Kärnten. Und ich lese wahnsinnig gern und freue mich, wenn ich dabei etwas Neues lerne.

Einladung zur Selbstreflexion:

Angenommen, du bist zu einer Veranstaltung eingeladen. Mit welchen »Haken« stellst du dich vor? Versuche, mindestens fünf verschiedene Aspekte über dich zu finden, über die du gern sprichst.

Nutze die Haken bewusst, wenn du das nächste Mal jemanden kennenlernst.

Effectuation: Partnerschaften eingehen

An dieser Stelle wollen wir gern noch einmal die Effectuation-Methode von Saras Sarasvathy aufnehmen. Du weißt ja bereits, »Partnerschaften eingehen« ist eines der Prinzipien dabei. Für unsere Lösungsfindung – so sagt es Effectuation – gehen wir von unseren eigenen Mitteln aus. Wir können aber auch unsere Netzwerke einbeziehen, um damit unsere Ressourcen deutlich zu erhöhen.

Auch hier gilt: Nutze den Zufall und lass keine Begegnung aus, die dir das Leben schenkt. Mit deinen »Haken« kannst du direkt das Thema mitnehmen, zu dem du gerade Hilfe oder Informationen suchst. Wenn du dann noch eine Frage stellst, ist die Chance groß, dass dein Gegenüber dir einen Impuls dazu geben kann. Hilfreiche Fragen sind:

- Hast du da einen Tipp für mich?
- Kannst du mir da weiterhelfen?
- Kennst du jemanden, der mir da helfen könnte?
- Und, im Sinne der Reziprozität: Was beschäftigt dich gerade? Wie kann ich dich unterstützen?

Und manchmal entstehen aus solchen zufälligen Gesprächen dann ganz eigene Projekte oder Ideen. Blättere doch noch einmal zurück ins letzte Kapitel. Hier hast du dir ja schon Notizen gemacht, wen du kennst. Mit wem könntest du einmal ein Gespräch führen? Um Unterstützung bitten? Oder um eine Empfehlung?

Carolin:

Ich habe meinen ersten Trainingsauftrag beim Lagerfeuer im Garten der Kita ergattert. Ich bin dort mit einer anderen Mutter ins Gespräch gekommen (Zufall nutzen), die zu der Zeit gerade ihre Doktorarbeit schrieb. Da ich kurz danach zu meinen Eltern fahren wollte, bot ich ihr an, ihren Text während der Zugfahrt auf Rechtschreibung zu korrigieren (leistbarer Verlust). Einige Monate später bekam sie einen Beratungsauftrag – und fragte mich, ob ich einen Teil der dazugehörigen Trainings geben wollte, schließlich sei ich schon im Thema (Partnerschaften bilden). Ich halte mittlerweile die Augen offen für solche »Zufälle« und gebe der Vorsehung gern einen Stups – einfach indem ich viele offene Gespräche führe.

Energiespender oder Energieräuber

Wenn wir uns unser Netzwerk, unsere sozialen Kontakte anschauen, dann sollten wir auch einen Blick darauf werfen, wer uns guttut in unserem Leben – und wer nicht. Es gibt Menschen, die rauben uns im Zusammensein unsere Energie. Wir fahren dann nach Hause und sind schlecht gelaunt, müde oder frustriert. Die Begegnung fühlt sich anstrengend an.

Und dann gibt es diese Menschen, mit denen es leicht ist, Zeit zu verbringen. Wir können gemeinsam lachen, wir verstehen uns auch ohne große Worte. Es kostet keine Mühe, sondern gibt uns Energie. Das sind die Treffen, die eigentlich nur »ein Stündchen« dauern sollten, und dann wird der Abend doch sehr spät …

Einladung zur Selbstreflexion:

Wann ist in deinem Leben schon einmal aus einer zufälligen Begegnung etwas Neues entstanden?

Wie hast du dazu beigetragen, dass das möglich war? Was hast du gedacht oder getan?

Wie könntest du künftig dem Zufall öfter auf die Sprünge helfen?

Tool: ***Energieräuber – Energiespender***

Wir alle haben sie in unserem Netzwerk: Menschen, bei denen uns das Zusammensein Energie spendet. Und Menschen, die uns regelmäßig unsere Energie rauben.

Das Schöne ist: Wir können selbst entscheiden, welchen Menschen wir wie viel Raum in unserem Leben einräumen. Manche werden in unserem Leben bleiben – auch wenn wir sie anstrengend finden (unser Onkel oder unsere Kollegin zum Beispiel). Aber wir dürfen den Kontakt reduzieren oder verändern – indem wir uns künftig lieber zu einem Spaziergang als zu einem Kaffee treffen. Oder unsere Mittagspause mit jemand anderem verbringen. Und den Menschen, die uns guttun, dürfen wir aktiv mehr Raum geben in unserem Leben.

Energiespender:

Wer tut mir gut?	Wie und wo könnte ich mit diesem Menschen mehr Zeit verbringen?

Energieräuber:

Wer tut mir nicht gut?	Wie könnte ich den Kontakt reduzieren oder verändern?

Balance und Bewusstsein, auch in den Netzwerken

Dir ist vielleicht schon aufgefallen, dass wir hier wenig zwischen Berufsleben und Privatem unterscheiden. Das soll nicht heißen, dass wir rund um die Uhr an unseren Job denken sollen, sondern vielmehr: Wir alle sind Gesamtpakete. Eine absolute Trennung der beiden Bereiche ist gar nicht sinnvoll, weil wir dadurch wichtige Kraft-, Unterstützungs- und Inspirationsquellen ungenutzt ließen. Es bleibt unsere Aufgabe, für eine gute Balance zu sorgen. Die funktioniert aber eher durch einen guten Rhythmus aus Anspannung und Entspannung als durch eine strikte Trennung unserer Lebensbereiche.

Was unsere Netzwerke angeht, können wir uns bewusst machen, zu welchem Thema wir sie vielleicht stärkender und effektiver einsetzen können oder wollen als bisher. Du hast bis hierhin schon ein paar (neue) berufliche Ideen entwickelt. Lass uns nun sehen, wie du mit deinem Netzwerk auch punktuell zu diesen Ideen arbeiten kannst.

Ines:
Ich interessiere mich schon seit einiger Zeit sehr für das Thema »Generationenmanagement«. Das hat zum einen damit zu tun, dass viele meiner Kursteilnehmenden ernsthaft mit dem Fachkräftemangel kämpfen und ich mit ihnen erarbeiten möchte, wie sie Lösungen dafür finden. Zum anderen beschäftigt es mich privat, weil unser Sohn inzwischen eine eigene Familie gegründet hat und damit meinen Blick für das Thema Vereinbarkeit erneut deutlich schärft. Ich frage mich sehr oft: Wie schaffen wir es, Arbeit sinnvoller und gerechter aufzuteilen? Das Wissen der Älteren, die bald in Rente gehen, zu sichern? Den Jüngeren Lust auf Engagement und Gestaltung zu machen? Und die Familien so zu entlasten, dass die Eltern beim Schuleintritt ihrer Süßen nicht völlig aufgerieben sind? Etc.

Natürlich bespreche ich das Thema mit meinem Netzwerk. Das ist bereichernd, aber auch schnell erschöpft. Die meisten fühlen sich (noch) nicht allzu betroffen: Für den Fachkräftemangel sind andere zuständig, oder sie haben keine Kinder – oder diese sind bald aus dem Haus. Die wenigsten haben schon Enkel (ich war früh dran), Generationenfragen stehen aktuell nicht sehr weit oben auf ihrer Agenda. Und die wirklich Betroffenen aus den Personalabteilungen der Unternehmen sind ratlos. Um hier weiterzukommen, brauche ich weitere und vor allem neue Netzwerkpartner.

Unser Kuschel-Netzwerk

Mittlerweile ist es sogar erforscht: Wir neigen auch im Job dazu, vor allem Beziehungen zu ähnlich Tickenden aufzubauen und zu pflegen. Irgendwie logisch, die geben uns auf den ersten Blick auch mehr Energie, wir sind uns meistens einig und fühlen uns wohl. Das ist ganz natürlich.

Die Professoren Eric Quintane und Gianluca Carnabuci forschen an der European School of Management and Technology in Berlin zum Thema Organizational Behavior und untersuchten in einem Langzeit-Feldexperiment, wie und wann Menschen Netzwerke aufbauen, die ihre Leistungen verbessern. Ihre Erkenntnis: Wenn unser Netzwerk in den gleichen Bereichen besonders gut aufgestellt ist wie wir, dann bringt es uns keinen deutlichen Mehrwert. Gleicht es jedoch unsere Schwächen aus, dann steigert es unsere Leistung.[1]

Oder mit anderen Worten: Wenn wir selbst eher kreative Visionäre sind und das gemeinsame Träumen mit Gleichgesinnten lieben, gerne auch über Abteilungs- und Unternehmensgrenzen hinweg, dann könnten uns ein paar Macher, Durchsetzer und, ja, auch Kritiker in unserem näheren Netzwerk durchaus weiterbringen. Wer dagegen viel Wert auf Details und Beständigkeit legt und sich mit den engen Kontakten im kleinen Team am wohlsten fühlt, würde von Vorreitern im weiteren Umfeld profitieren, die den Blick weiten.

Wir sollen also gezielt mit Schlipsträgern, Birkenstock-Ökos oder Ganzkörpertätowierten in die Kantine gehen, auch wenn wir dazu keine Lust haben? Ja! Allein schon, um unsere Vorurteile abzubauen. Nicht jeden Tag, wir können ruhig viermal mit der empathischen Kollegin oder mit unserer Ulk-Truppe essen, wenn wir das mögen. Aber einmal in der Woche neue Gedanken und Haltungen kennenlernen, das wäre ein guter Anfang.

Auch hier greift der Trainingseffekt: Je häufiger wir gezielt den Austausch mit uns bisher weniger bis gar nicht bekannten Menschen suchen, desto leichter fällt es uns. Und wenn wir die Erfahrung gemacht haben, dass wir über diese Schiene eine richtig gute Zeit hatten oder einen wirklich hilfreichen Gedanken mitgenommen haben, auf den niemand aus unserem aktuellen Netzwerk so gekommen wäre, dann werden wir diese Strategie gerne fortsetzen.

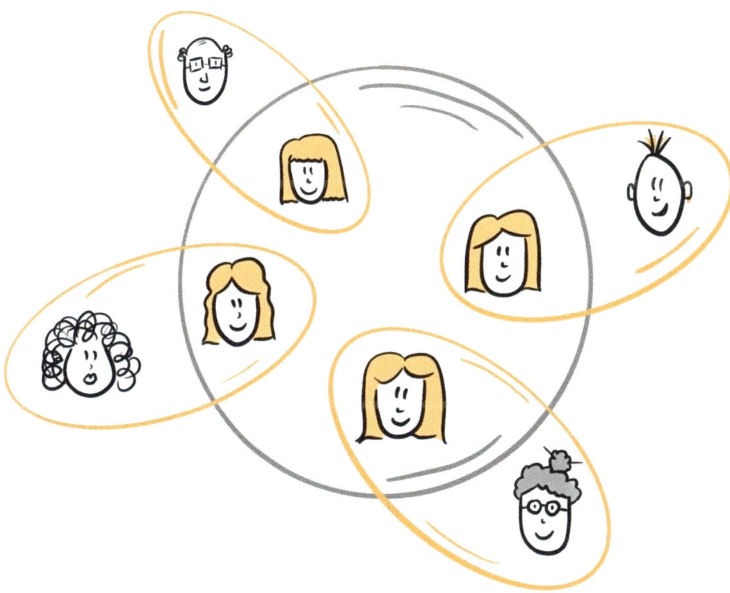

Je mehr wir uns mit Menschen außerhalb unserer Bubble austauschen, desto bunter werden die Ideen

Tool: Netzwerkanalyse für konkrete Job-Ideen

Nimm dir deine Lieblings-Job-Idee aus den letzten Kapiteln und fertige ein eigenes Netzwerkbild für diese Idee an. Stelle dir dazu folgende Fragen:

Wo in deinem Netzwerk sind die echten Unterstützer für diese Idee? Wer bestärkt dich darin, am Ball zu bleiben? Wer kann den Weg für dich ebnen? Wer macht dir Mut, wenn ein Schritt mal nicht wie geplant verlief? Wer feiert mit dir, wenn etwas glückt? Wer denkt in Lösungen zum Thema statt in Problemen?

Wer kann dir ganz praktisch weiterhelfen? Vielleicht weil er oder sie schon weiter mit dem Thema ist oder genau das macht, was dir vorschwebt? Wer bringt Fähigkeiten mit, die nicht ganz deine Stärke sind? Wer kann dir wichtige Bereiche abnehmen (auch Dienstleister)? Wer kennt kommende Herausforderungen und Lösungen dafür?

Wer könnte dir wertvolle Informationen zu deiner Idee geben? Welche Verbände, Netzwerke oder Fortbildungen gibt es zum Thema? Welche Bücher wären noch spannend, um dich mit den Autor:innen auszutauschen? Über welche Kanäle streust du aktuell deine Fragen? Wen könntest du noch erreichen? Und wie?

Nicht jede der oben aufgeführten Fragen wird wichtig für dich sein. Lass sie auf dich wirken und entscheide vielmehr, welche Fragen dir nützlich sein können.

Wenn du dann auf dein Netzwerk blickst: Wie ausgeglichen ist es? Gibt es besser besetzte Flächen als andere? Wo möchtest du für mehr Balance sorgen? Oder was sind deine Erkenntnisse, wenn du für diese Job-Idee auf dein Netzwerk blickst?

Werde gleich konkret: Für was suchst du weitere Netzwerkunterstützung?

Ein **Beispiel:** Unser Coachee Elias hat auf diese Weise sein Netzwerk im Hinblick auf seine Job-Idee »**Musik-Festival in Afrika**« abgeklopft. Zum Hintergrund: Elias arbeitet als Informatiker in einer Musikproduktion. Seine zweite Leidenschaft ist Afrika, er hat bereits als Student in den Semesterferien Praktika in der Entwicklungshilfe gemacht und auch später den Kontinent immer wieder bereist. Beim Aufzeichnen seines Netzwerks wird schnell klar: Der Bereich Informationen ist gut besetzt, er kennt sogar jemanden für die praktische Seite, der schon mal ein Festival in Simbabwe mitorganisiert hat. Eine große Lücke klafft allerdings im Unterstützerbereich.

Elias wird klar, dass er einen Stakeholder im eigenen Unternehmen finden sollte, der einen Vorteil in der Aktion erkennt. Er nimmt Kontakt zur PR-Leiterin auf, von der er gehört hat, dass sie an Projekten interessiert ist, deren Unterstützung zum Verantwortungsbewusstsein des Unternehmens passen. Nach einem lebhaften Austausch entwickeln die beiden tatsächlich ein Konzept für afrikanische Künstler. Elias wird ein halbes Jahr lang vier Stunden in der Woche für das Projekt freigestellt und ist bei der Auftaktveranstaltung dabei. »Dieses Projekt hat mir extrem Spaß gemacht, und gleichzeitig habe ich so viel gelernt«, sagt er im Anschluss. »Jetzt gehe ich wieder mit viel mehr Elan zur Arbeit.«

Ein Phänomen, das wir häufiger beobachten: Wenn der Job ja eigentlich stimmt und man nur das diffuse Gefühl hat, dass es da womöglich noch mehr gäbe, dann hilft es unglaublich, an einem Herzensprojekt mitzuwirken! Wenn es aber keines im Unternehmen gibt? Dann sorge am besten selbst dafür, dass sich das ändert.

In die Forschung gehen für unsere Lieblingsideen

Lieblingsideen und Herzensprojekte haben es oft schwer. Wir unterstellen ihnen gerne, dass sie ganz schön, aber unrealistisch sind. Möglicherweise werden wir feststellen, dass uns der Preis für ihre Umsetzung tatsächlich zu hoch ist. Vielleicht ist es aber auch leichter als gedacht, und unsere Idee ist letztlich einfach der Impuls zu einer gut machbaren Initiative. Das werden wir niemals erfahren, wenn wir nicht anfangen zu forschen. Mit wenig Aufwand, aber großer Wirkung.

Betrachten wir das Ganze doch als Forschungsprojekt

Die Kriterien eines Forschungsinstruments mit wenig Aufwand und großer Wirkung erfüllen Interviews mit Menschen, die bereits etwas Ähnliches machen, Insider in unserer Wunschbranche sind und vor allem ihren Job sehr mögen. Sie können für uns relevante Informationen filtern und gewichten und uns somit neue Ideen und Schnittstellen liefern. Nicht selten ergeben sich sogar Kooperationen aus diesen Gesprächen.

Denkst du gerade »Ich kenne aber niemanden, der dafür infrage käme«? So geht es den meisten. Dann gehst du am besten wie folgt vor:

Tool: ***Netzwerk erweitern durch Insider-Interviews***

1. Stelle die Frage in deinem aktuellen Netzwerk aus Freundes-, Bekannten- und Kolleg:innen-Kreis: Wer kann einen **Kontakt** im Bereich XY **herstellen?**
2. **Recherchiere interessante Menschen**, die eine ähnliche Entwicklung genommen haben oder etwas in der Richtung machen, die dir vorschwebt.
3. Erstelle einen konkreten **Fragenkatalog**, was du von dem Menschen erfahren möchtest. Tipp: Wenn du aufrichtig an der Geschichte dieser Personen interessiert bist, wirst du interessantere Informationen bekommen. Du kannst zum Beispiel fragen:
   Wie sind Sie zu dieser Aufgabe gekommen?
   Was muss man dafür können?
   Was gefällt Ihnen daran am besten? Was weniger gut?
   Welche Herausforderungen sehen Sie in der Zukunft?
   Welche Weiterbildungen empfehlen Sie mir?
   Welche Netzwerke oder Verbände könnten interessant für mich sein?
   Mit wem sollte ich unbedingt noch sprechen?
4. Schreibe der Person eine kurze **Mail**, in der du erklärst, dass sie etwas macht, das dir imponiert, und dass du ihr gerne ein paar

Fragen dazu stellen würdest – ob sie wohl **zehn Minuten Zeit für ein Telefongespräch** hätte? Viele Menschen, die ihren Job mögen, erzählen auch gerne davon!

Noch ein paar **Tipps** dazu:

- Wenn es zum Gespräch kommt: Biete unbedingt nach zehn Minuten einen Abschluss an. Wenn du Glück hast, hat dein Gegenüber länger Zeit. Wenn du jedoch einfach weiterredest, ohne die Zeit im Blick zu haben, kommt es oft nicht so gut an.
- Starte deshalb mit den für dich wichtigsten Fragen!
- Behalte im Auge, dass du Informationen zu einer Job- oder Projektidee haben willst. Es ist kein Verkaufsgespräch! Auch wenn wir immer wieder hören, dass mehr aus solchen Gesprächen entsteht. Beim ersten Kontakt solltest du in der Zuhörerrolle bleiben.
- Ein kleines Dankeschön am nächsten Tag per Mail oder eine schöne Postkarte hinterlassen einen noch besseren Eindruck von dir.
- Um auf ein gutes Forschungsergebnis zu kommen, schreibe am besten mindestens zehn interessante Personen möglichst individuell an. Wenn du dann drei gute Gespräche führst und die Ergebnisse schriftlich für dich festhältst, dann hast du bestimmt neue Erkenntnisse gewonnen.

Also: In welchem Bereich möchtest du forschen? Findet sich bereits jemand in deinem aktuellen Netzwerk? Gibt es Kontakte über dein Netzwerk? Auf welche spannenden Menschen bist du bei deinen Recherchen gestoßen? Wer sind die zehn Personen, die du anschreiben beziehungsweise mit denen du sprechen willst?

1. ____________________

2. ____________________

3. ____________________

4. ____________________

5. ______________________________

6. ______________________________

7. ______________________________

8. ______________________________

9. ______________________________

10. ______________________________

Und was sind deine wichtigsten **Erkenntnisse** aus diesen Gesprächen?

____

____

____

Introversion: Von der Überwindung, Unbekannte anzusprechen

Für die einen mag das Knüpfen neuer Kontakte eher ein lockerer Freizeitspaß sein. Für andere kann unser Interviewvorschlag Stress auslösen. Manche von uns haben schon viel Zurückweisung und Ablehnung erleben müssen und wollen weitere Erfahrungen dazu gerne vermeiden. Nachvollziehbar, aber auch schade. Es könnten ja richtige Erfolgserlebnisse daraus entstehen.

Allerdings gibt es auch eine persönliche Veranlagung, die uns Netzwerken eher genießen oder meiden lässt: der Grad unserer Intro- oder Extroversion. Diese Eigenschaft ist gekennzeichnet durch die Art, wie wir mit unserer sozialen Umwelt interagieren. Introvertierte Menschen brauchen den Rückzug, also das Alleinsein oder den Austausch mit wenigen engen Freunden, um ihre Energie wieder aufzuladen. Große Menschenmengen, überfüllte Räume oder dauernde Gespräche mit anderen lösen Stress bei ihnen aus. Extrovertierte hingegen tanken auch im Kontakt mit anderen auf, sie empfinden ständigen Austausch als eher anregend.

Dieser Unterschied liegt tatsächlich in unserer Hirnaktivität begründet, wie Debrah L. Johnson von der University of Iowa herausfand. Bei Introvertierten findet mehr Aktivität im Frontallappen und im vorderen Thalamus statt, also in den Hirnregionen, die für Erinnerungen, Lösungen und Planung zuständig sind. Bei den Extrovertierten dagegen passiert mehr in den Temporallappen und im hinteren Thalamus, was stärker auf Sinnesreize reagieren lässt. Die Folge: Intros verwerten mehr Informationen für die Lösung von Herausforderungen, Extros denken und reagieren schneller und impulsiver.[2] Und weil wir ja gerade beim Netzwerken sind – hier tun sich die Extrovertierten einfach leichter, weil sie daraus Energie ziehen.

Introvertiert *Extrovertiert*

Ines:

Vor gut 20 Jahren hatte mein eher extrovertierter Mann eine tolle Idee: Er wollte ein Mediennetzwerk für München und Umgebung gründen, in dem man sich einmal im Monat abends in einer coolen Location trifft und austauscht. Die Idee löste große Begeisterung in ihm aus, er plante, organisierte und lud ein, das Projekt war jahrelang ein schöner Erfolg. Ganz selbstverständlich ging er davon aus, dass ich seine Begeisterung teile, schließlich war ich auch in der Medienbranche und es würde mir genauso viel bringen wie ihm.

Ich war tatsächlich beeindruckt, vor allem von der Energie, die er entwickelte. Aber insgeheim strengte mich schon der Gedanke daran an. Trotzdem unterstützte ich ihn bei der Vorbereitung und ging hin, er ist mir schließlich wichtig. Aber hinterher war ich immer fix und fertig. So viele Leute, so viele Gespräche, so ein Lärm. Bis mir die Netzwerkstrategien für Introvertierte in die Hände fielen und ich mein eigenes Verhalten an diesen Abenden änderte.

Heute lebe ich eher in Phasen: Während meiner Schreib- und Konzeptwochen verabrede ich mich nur mit engen Freunden und verbringe viel Zeit in unserem schönen Zuhause mit Garten. In den Kurs- und Akquisephasen bin ich deutlich mehr unterwegs und knüpfe Kontakte – woran ich dann auch Spaß habe. Ich weiß ja: Die nächste Chill-Woche kommt.

Intro- und Extroversion sind die entgegengesetzten Pole eines Kontinuums. Fast niemand befindet sich am extremen einen oder anderen Ende. Wir bewegen uns auch abhängig von der Situation ein bisschen hin und her. Aufgrund unserer Veranlagung, also der bevorzugten Aktivität in unserem Gehirn, werden wir aber mehr Momente auf der einen oder anderen Seite haben.

Einladung zur Selbstreflexion:

Wo befindest du dich nach deinem Empfinden auf dem Kontinuum zwischen Intro- und Extroversion?

introvertiert *extrovertiert*

Welche Situationen stressen dich dadurch so, dass du sie vermeidest? (Bei Extrovertierten könnten das »Phasen des Alleinseins« oder »länger zuhören müssen« sein.)

Was könnte es dir bringen, wenn du dich dennoch in Zukunft gut ausgerüstet mit nützlichen Strategien in diese Situationen begibst? (Auch Extrovertierte gewinnen, wenn sie sich im Zuhören üben oder mal allein für sich brainstormen können.)

Siehst du dich eher auf der extrovertierten Seite, dann wirst du dich wahrscheinlich ohnehin nicht groß zum Netzwerken überwinden müssen. Allen anderen helfen vielleicht folgende Tipps.

Netzwerktipps für Introvertierte

1. Bleibe **authentisch**: Etwa die Hälfte der Menschheit ist ebenfalls eher introvertiert und bevorzugt auch beim Netzwerken die etwas ruhigeren Gäste.
2. Nutze deine **Intro-Stärken:** Introvertierte können in der Regel gut zuhören und beobachten, sie zeigen Empathie in Gesprächen,

stellen interessierte Fragen und erzeugen insgesamt mehr Tiefe und Substanz. Da sie oft auch ganz gut im schriftlichen Ausdruck sind, ist das Netzwerken auf sozialen Plattformen wie LinkedIn oder Xing bestens für sie geeignet.

3. Sei **vorbereitet**: Gerade wenn man neue Leute kennenlernt, sollte man sich kurz und sympathisch vorstellen können. Entweder mit der aktuellen Tätigkeit oder, noch besser, mit dem Ziel, das dich gerade interessiert. Diese Vorstellung kannst du je nach Anlass vorbereiten und üben. Auch die Haken-Strategie von Christian Busch kann dir dabei helfen.
4. Setze dir **Ziele** in bestimmten **Grenzen:** Wie viele Stunden auf einer Veranstaltung fühlen sich für dich gut an? Vielleicht magst du lieber ein bisschen später kommen? Stell dich erst mal an den Rand und beobachte. Wer ist hier? Wer ist vielleicht auch am Zuschauen? Wie viele Gespräche willst du führen? Es kann genügen, drei gute Gespräche zu führen und dann wieder zu gehen. Das darfst du dir versprechen, und das wird die Veranstaltung zielführender für dich machen.
5. **Belohne** dich mit Ruhezeit: Zwischendurch kann ein Luftschnappen draußen für Entlastung sorgen oder das Holen eines neuen Getränks. Und hinterher kannst du dir einen längeren Spaziergang gönnen, eine Massage oder was dir sonst noch guttut. Du hast es dir verdient, und dein Gehirn braucht jetzt auch wieder eine Pause.

Netzwerken trifft auf Ideenschmiede

Du liest dieses Buch, weil du für dich herausfinden möchtest, was dich beruflich weiterbringen oder erfüllen könnte? Und du hast jetzt schon ein paar attraktive Ideen entwickelt, die dir aber noch recht unrealistisch erscheinen? Nutze ab jetzt verstärkt dein Netzwerk zur Weiterentwicklung deiner Idee und deiner Gedanken.

Denn die wenigsten guten Ideen waren auf Anhieb einfach da und ein Erfolg. Im Gegenteil. Viele entstanden durch Gespräche mit anderen Fachbereichen, potenziellen Nutzer:innen und Menschen, die ebenfalls ein Interesse an dem Thema haben. Wirklich geniale Ideen – und hiermit meinen wir auch erfüllende Jobs – durften langsam wachsen, genährt durch Input von außen. Dafür ist es jetzt Zeit, dass du immer mehr nach außen gehst mit deinen Gedanken und Fragen.

Auch wenn du in einem ganz normalen Angestelltenverhältnis arbeiten möchtest: Unternehmen werden dich anders einschätzen und deutlich mehr Potenzial in dir sehen, wenn du die richtigen Fragen stellst und als Expert:in für bestimmte Themen zu finden bist.

> ***»Mut beginnt damit, dass wir auftauchen und uns sehen lassen.«***
>
> Brené Brown

Ab sofort geht es darum, deinen Wunsch-Job knapp und prägnant in drei Sätzen auf den Punkt zu bringen, sodass andere schnell erfassen können, was du damit erreichen willst. Der Einstieg könnte zum Beispiel so aussehen:

Im zweiten Satz schließt du an, wie du das machen willst, etwa so:

Meine Idee dazu ist eine neue Software, die Spaß macht und neue wöchentliche Gewohnheiten etabliert.

Meine Idee dazu sind aktivierende Workshops für die beteiligten Mitarbeitenden, die am Ende selbst neue Prozesse entwickeln.

Meine Idee dazu ist ein Festival mit moderiertem Austausch zwischen Kunstschaffenden und Besucher:innen.

Ich stelle mir Resilienztrainings vor, die Teilnehmende Themen und Ideen finden lassen, zu denen sie sich im Unternehmen künftig engagieren möchten.

Dafür organisiere ich Speeddating-Formate, in denen sich Menschen aller Generationen zu gezielten Fragen austauschen und dabei besser kennenlernen.

Und zum Abschluss stellst du eine Frage, die dich im Zusammenhang mit deinem Vorhaben beschäftigt:

Was müsste so eine Software für dich Besonderes mitbringen, um attraktiv zu sein?

An welcher Stelle in deinem Unternehmen fändest du so eine Prozessoptimierung sinnvoll?

Mit welchen Kunstschaffenden aus welchen Bereichen würdest du dich am liebsten austauschen?

Wie könnte ich Unternehmen die Angst nehmen, dass ihre Mitarbeitenden dann alle ihr Haus verlassen?

Welche Argumente würden Unternehmen davon überzeugen, dafür Geld auszugeben?

Einladung zur Selbstreflexion:

Wie lauten deine drei Sätze zur Weiterentwicklung deiner Job-Idee?

1. Was willst du konkret machen, damit welche Wirkung eintritt?

   ____

   ____

2. Was ist das Besondere daran?

   ____

   ____

3. Welche Frage beschäftigt dich dazu gerade?

   ____

   ____

Diese drei Sätze kannst du natürlich in jedes Gespräch einstreuen. Du kannst aber auch gezielt Gelegenheiten für diesen Austausch suchen.

- In der kostenlosen Social-Media-Plattform **Meetup** finden sich Gruppen über gemeinsame Interessen. Dort kannst du nach Gruppen suchen, die dein Interesse teilen. Du kannst aber auch selbst eine Gruppe gründen, um immer wieder über dein Thema sprechen zu können. Die Fragen und Inhalte werden sich garantiert weiterentwickeln.
- Deine Idee hat auch mit einer anderen Abteilung bei dir im Haus zu tun? Frage, ob du dort mal ein **Shadowing** machen, also ein oder zwei Tage mitlaufen kannst, um die Prozesse (noch) besser kennenzulernen und viele Fragen zu stellen.

- Trete einer »**Working Out Loud**«-Gruppe bei oder gründe selbst eine. Das ist ein geskriptetes Programm über zwölf Wochen, in dem du dich jeweils eine Stunde in der Woche mit einem Thema deiner Wahl beschäftigst und dieses weiterentwickelst (basierend auf dem Workbook von John Stepper).
- Nutze die an der European School of Management and Technology entwickelte Übung »**Help Workout**«: Dabei treffen sich fünf Menschen für eine halbe Stunde real oder remote, die einander noch nicht oder wenig kennen, und zwei Aufgaben erfüllen: Alle bringen ein berufliches Problem oder eine Frage mit, für das sie Hilfe suchen. Gleichzeitig helfen sie den anderen bei deren Fragen. Das trainiert die Fähigkeit, sowohl um Hilfe zu bitten als auch wirklich hilfreiche, funktionierende Beiträge für andere zu formulieren.
- Nutze beruflich orientierte Social-Media-Plattformen wie **LinkedIn**, um dich mit Kommentaren oder Postings als Experte zu deinem Herzensthema zu etablieren. Auch hier kannst du dann Fragen an deine Community stellen – und teilweise großartige Antworten bekommen.

»Netzwerken ist wie atmen. Wenn du es bewusst machst, gibt es dir unendliche Kraft.«

Kathrin Koehler in »New Networking«

Einladung zur Selbstreflexion:

Welche Netzwerk-Gelegenheiten willst du künftig stärker nutzen?
Nimm dir am besten drei verschiedene vor, um auch Neues zu testen!

1. ______________________________

2. ______________________________

3. ______________________________

Weil wir in diesem Kapitel auch ein paar Dinge angesprochen haben, die dich vielleicht im ersten Schritt etwas Überwindung kosten, wollen wir mit einer Belohnung abschließen. Um Prozesse wirklich am Laufen zu halten, sind kleine Zwischenbelohnungen eine tolle Unterstützung. Unsere Entwicklung zur mehr Resilienz und einem erfüllenderen Job ist auf jeden Fall ein Prozess, der bestimmt nicht nach zwei Tagen abgeschlossen ist. Deshalb ist es gut zu wissen, wie wir uns zwischendurch immer wieder mit kleinen Aktionen belohnen und dabei Energie tanken können.

5-Minuten-Tool: ***Energizer-Minis***

Lies dir die folgende Liste in Ruhe durch und markiere, welche Energizer du als echte Belohnung empfinden würdest. Ergänze am Ende gerne mit eigenen Ideen.

- Lieblingslied auflegen und tanzen
- Meditieren
- Leckeren Tee oder Kaffee mit Blick ins Grüne trinken
- Smoothy zubereiten und trinken
- Gesicht für fünf Minuten in die Sonne halten und atmen
- Lieblingsvideo anschauen

- Nüsse/Obst essen
- Nachricht an Herzensmenschen verschicken
- Drei Dinge aufschreiben, für die du dankbar bist
- Der Sonne beim Auf- oder Untergehen zuschauen
- Den Vögeln beim Singen lauschen
- Fünf Sonnengrüße praktizieren
- Etwas verschenken
- Jemandem ein Kompliment oder Mut machen
- Eine kleine Runde um den Block drehen
- Den Himmel und die Wolken beobachten
- 15 Minuten Powernap halten
- Sich selbst eine Handmassage geben
- Eine schöne Zeitschrift durchblättern
- Ein Lied singen oder ein Instrument spielen
- Fünf-Minuten-Kritzelei
- ______________________________
- ______________________________

Nun überlege (am besten täglich), wann du dir welche Belohnung gönnen möchtest. Einfach dafür, dass du dein Ziel immer weiterverfolgst.

Nimm dir jeden Tag Zeit für schöne Momente! Wonach steht dir jetzt der Sinn?

Was du aus Kapitel 6 zum Thema Netzwerkorientierung mitnehmen kannst:

1. Wir alle sind über engere oder losere Bande miteinander verbunden und können einander enorm unterstützen. Dabei unterscheiden wir zwischen emotionaler, praktischer und informeller Unterstützung.

2. Netzwerken lebt vom Geben und Nehmen. Wir bekommen dann wirklich hilfreiche Unterstützung, wenn wir auch anderen Gutes tun. Und wir knüpfen stärkere Verbindungen, wenn wir selbst um Hilfe bitten können.

3. Wir helfen dem Zufall auf die Sprünge, indem wir bessere und tiefere Gespräche führen. Dies können wir über spezifischere Fragen erreichen und über das Anbieten eigener persönlicher Haken und Vorlieben.

4. Mehr Energie gewinnen wir auch durch weniger Zeit mit Energieräubern.

5. Echte Inspiration über unser Netzwerk bekommen wir, wenn wir unsere Komfort-Bubble verlassen und uns zunehmend mit Menschen aus anderen Umfeldern austauschen.

6. Lieblingsideen und Herzensprojekte wollen erforscht und weiterentwickelt werden, damit sie reelle Chancen haben. Das geht am besten über Gespräche und Interviews mit den richtigen Partner:innen und Fragen. Also mit einem wachsenden Netzwerk.

7. Kleine Belohnungen können dich jederzeit stärken – besonders wenn du dich mal überwinden musstest.

7

ZUKUNFTS ORIENTIERUNG

Wie du aktiv eine neue Geschichte für dich schreibst

Unsere Vergangenheit ist vergangen – wir können sie nicht mehr ändern. Ganz anders unsere Zukunft: Sie ist offen, an vielen Punkten gestaltbar, noch nicht festgelegt. Wir handeln allerdings oft so, als wäre das anders. Als stünde schon alles fest. Deshalb ist der letzte wichtige Baustein für Resilienz: die Entschlossenheit, unsere eigene Zukunft aktiv zu gestalten, also zukunftsorientiert zu sein.

Carolin:
Vor einigen Jahren bekam ich eine sehr schmerzhafte Entzündung in der rechten Schulter, die auf den ganzen Arm ausstrahlte. Mein Arzt verschrieb mir Moorpackungen, Massagen, später auch Akupunktur und Elektrotherapie. Also alles Dinge, bei denen ich schön still liegen konnte und andere sich um meine Schulter kümmerten. Das half dann auch immer mal für eine Weile. Aber nach einigen Tagen oder Wochen kam der Schmerz zurück. Und irgendwann habe ich selbst nicht mehr daran geglaubt, dass das jemals wieder besser würde.

Ein Gespräch mit meiner Physiotherapeutin hat mich dann wachgerüttelt. Sie meinte, ich dürfe nicht darauf warten, dass der Arm »von allein« wieder besser würde. Sondern solle überlegen, was ich selbst noch aktiv tun könne. Weil ich vor allem beim Arbeiten Beschwerden hatte, habe ich mir als Erstes eine ergonomische Tastatur und Maus gekauft. Dann habe ich angefangen, regelmäßig zum Yogakurs zu gehen und bei ersten Symptomen gezielt Entspannungsübungen zu machen. Und endlich wurde es besser.

Ich habe gemerkt: Wenn ich nur darauf warte, dass andere mich »heilen«, geht es nicht voran. Ich muss daran glauben, dass es wieder besser wird, und selbst aktiv darauf hinarbeiten. Ich muss eine andere Zukunft aktiv herbeiführen.

»Unsere Einstellung der Zukunft gegenüber muss sein: Wir sind jetzt verantwortlich für das, was in der Zukunft geschieht.«

Sir Karl Popper

Viele Menschen lassen ihre Zukunft einfach so entstehen. Sie harren in Situationen aus, die ihnen nicht guttun. Sie bleiben in Beziehungen, die sie lähmen oder frustrieren. Sie finden sich mit etwas ab, weil sie glauben, das wäre eben so. Damit verlängern sie ungewollt ihre Krisen, ihren Frust. Wenn wir aber nur fortschreiben, was wir bisher getan haben, werden wir keine anderen Ergebnisse erzielen. Denn Zukunft ist nicht einfach das geradlinige Weiter-so unserer Gegenwart. Zukunft ist immer auch ungewiss – und gestaltbar. Das Bild des Zukunftskegels macht das deutlich.

Es gibt mehr als eine Zukunft

Stell dir vor, du könntest wie mit einer Taschenlampe in deine Zukunft hineinleuchten. Zuerst stellst du den Schein fokussiert scharf. Und du hältst die Lampe einfach geradeaus. Du nimmst deine Zukunft wahr als Verlängerung und Fortsetzung deiner Gegenwart, ganz logisch. Du machst weiter wie bisher, und *es bleibt, wie es ist*.

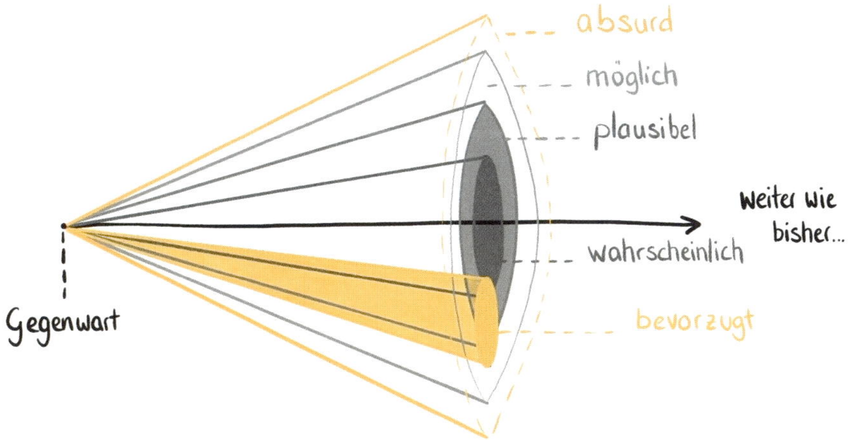

Aber wie wahrscheinlich ist das? Alles kann sich jederzeit ändern. Das Leben ist nicht berechenbar. Nun stell dir vor, du drehst den Schein deiner Lampe etwas weiter. Du erkennst nun auch andere mögliche Entwicklungen. Du siehst, was *noch wahrscheinlich* ist. Je weiter die Zukunft weg ist, desto größer wird dieser Kreis. Dennoch erscheint dir auch diese Zukunft vermutlich noch vertraut und recht gut erkennbar.

Nun öffnest du den Kreis noch weiter. In den Blick kommen jetzt alle *möglichen Zukünfte*. Da das Licht nun sehr breit gestreut ist, kannst du keine Details wahrnehmen. Es sind eher Umrisse, die hier zu sehen sind. Vor manchem schreckst du womöglich zurück, anderes wirkt spannend. Je weiter du leuchtest, je größer die Distanz, desto unschärfer wird es.

Zuletzt stellst du deinen Lichtkegel ganz weit ein. Trotzdem bleibt vieles im Dunkeln. Diese Zukünfte sind auch da. Sie entziehen sich aber unserer Vorstellungskraft. Wir halten sie für *absurd*, für total abwegig.

Was liegt im Dunkeln?

Dabei träumen wir ganz gern einmal von dem »Absurden«, von dem, was für uns im Dunkeln liegt. Als Kinder scheint uns das noch ganz normal. Da glauben wir fest daran, später einmal Prinzessin, Astronaut oder Popstar zu sein. Auch Hollywoodfilme wie »Star Wars«, »Pretty Woman« oder »Plötzlich Prinzessin« funktionieren so – scheinbar gewöhnliche Menschen erleben ein märchenhaftes Schicksal. Die Boulevardpresse liebt diese Geschichten ebenfalls, deshalb werden alle Liebeleien in den Königshäusern dieser Welt so lustvoll ausgeschlachtet.

Aber nicht nur Märchen, auch dystopische Thriller leben von diesem Blick ins »Absurde«, in die Dunkelheit. Da wird die Welt von Aliens zerstört, da herrschen Maschinen (oder Affen) über die Menschheit, oder ein Asteroid bedroht die Welt. Wir genießen solche Geschichten, gerade weil wir sie für unmöglich halten.

Manche Menschen behaupten allerdings, ins Dunkle sehen zu können. Sie suggerieren uns, dass dort unsere Zukunft läge. Und sie zeichnen dann ein düsteres Bild unserer Zukunft. Sie spielen mit den Ängsten, die uns die Dunkelheit macht. Und versuchen damit, uns ihre vermeintlich einfachen Lösungen zu verkaufen. Das kann man getrost Populismus nennen. Auch Medien spielen dieses Spiel um Aufmerksamkeit mit – je schrecklicher die Bilder, desto höher die Klickzahlen, leider funktioniert das häufig.

Andere wollen uns glauben machen, dass in der Dunkelheit unser Glück läge. Wir müssten ihnen nur folgen (und ihre Produkte oder Dienstleistungen kaufen), und schon wären wir auf der Straße des Erfolgs. »In drei Monaten zu 10 000 Euro pro Monat« – mit solchen Versprechen werden gerade auf Social Media Menschen geködert. Leider gibt es einige davon, die sich dabei »Coach« nennen. Mit professionellem Coaching hat das aber definitiv nichts zu tun.

Du kannst die Lampe selbst ausrichten

Nun stell dir vor, du vergrößerst in deinem Leben den Lichtkegel deiner Lampe etwas, hältst die Lampe aber immer noch geradeaus. Du schaust also schon etwas nach rechts und links vom »Weiter-so«. Nun lass uns noch einen Schritt weiter denken. Wenn du Gestalter:in deines Lebens bist, wer hindert dich daran, die Lampe auf die Zukunft auszurichten, die dir gefällt? Deine *bevorzugte Zukunft*! Das kann im Bereich der Wahrscheinlichkeit sein. Aber du kannst auch mutiger sein und Dinge außerhalb des Wahrscheinlichen, im Möglichkeitsraum, in den Blick nehmen.

Es ist dein Leben – du kannst selbst entscheiden, was du ausleuchtest und welche Zukunft du in den Blick nehmen willst

Lass uns das mal an dem **Beispiel** von Nina durchspielen. Nina ist die Tochter einer Zahnärztin mit eigener Praxis und eines Lehrers. Sie ist gut in der Schule und interessiert sich für Medizin und Biologie. Wenn sie den Strahl scharf stellt und geradeaus hält, sieht sie sich selbst als künftige Zahnärztin und Nachfolgerin ihrer Mutter. Logisch, oder?

Wenn Nina nun ihre Zukunft aber genauer ausleuchten will?

Zunächst stellt sie den Lichtkegel etwas weiter. Dabei wird sichtbar, dass sie womöglich keinen Studienplatz bekommt (bei medizinischen Fächern nicht selten). Dann ist für sie auch gut erkennbar, wie sie stattdessen Biologie studiert und Lehrerin wird. Das liegt noch im hellen Licht der Wahrscheinlichkeit.

Sie öffnet den Lichtkreis noch weiter: Womöglich hat sie nach dem Abitur aber auch keine Lust, gleich zu studieren. Stattdessen könnte sie erst einmal als Hostess auf Veranstaltungen jobben. Außerdem könnte sie ein halbes Jahr Work & Travel in Australien machen. Mit diesen Ideen ist sie dann im Möglichkeitsraum unterwegs – und hier reicht das Licht schon weniger weit in die Zukunft.

Je weiter Nina den Lichtschein im Möglichkeitsraum nach außen wandern lässt, desto »merkwürdiger« werden die Dinge, die dort auch noch zu erahnen sind. In diesen Zukünften nutzt sie ihre Geschicklichkeit, um eine Ausbildung zur Goldschmiedin zu machen. Oder sie geht ihrer Leidenschaft zum Kochen nach und eröffnet ein veganes Restaurant. Oder sie bekommt ein Kind und schreibt einen Bestseller über die Mütter im Prenzlauer Berg. Oder, oder, oder ...

Und natürlich ahnt Nina auch, was da im Dunkeln liegt und was für sie überhaupt nicht infrage kommt. Zum Beispiel auf keinen Fall einen Job machen, der nur mit Zahlen zu tun hat. Oder nur am Schreibtisch zu sitzen. Oder finanziell von ihrem Partner abhängig sein.

Die Frage ist: Was könnte sie nun genauer ausleuchten? Wohin will sie ihren Strahl richten? Wirklich nur auf das Naheliegendste? Manchmal ist das nur die Richtung, in die unsere Eltern geleuchtet haben (Ninas Mutter wünscht sich natürlich, dass Nina die Praxis später einmal übernimmt). Je mutiger Nina das Licht hin und her wandern lässt, desto mehr werden auch ganz andere Zukünfte sichtbar. Und desto eher kann sie darauf zugehen.

»Wo der Fokus hingeht (unser Taschenlampenstrahl) – da geht auch unsere Energie hin.«

Einladung zur Selbstreflexion:

Was siehst du klar vor dir, wenn du deine Zukunft »gerade« ausleuchtest?

Was hältst du auch für wahrscheinlich? Welche Entwicklungen denkst du schon mit?

Wenn du den Strahl weitest: Was wäre grundsätzlich künftig auch möglich in deiner Zukunft? Entscheide selbst, wie weit du den Strahl aufdrehen willst.

Wo erkennst du deine bevorzugte Zukunft? Wohin willst du deinen Fokus ausrichten? Das kann auch noch in größerer Ferne sein.

Carolin:

Ich war schon mit Anfang 30 fasziniert davon, als Trainerin und Moderatorin zu arbeiten. Mit zwei kleinen Kindern erschien mir der Weg in die Selbstständigkeit damals nicht machbar. Aber ich habe kontinuierlich kleine Schritte in diese Richtung unternommen – ein erstes Seminar dazu besucht, Bücher gelesen, mit Trainerinnen gesprochen, wie sie zu diesem Job gekommen sind.

Mit der Zeit wurde der Weg für mich immer klarer. Ich habe mich für eine umfassende Ausbildung zur Trainerin entschieden und immer versucht, so viel wie möglich davon in meinem damaligen Job schon anzuwenden und umzusetzen. Und so bin ich langsam in meine eigene Wunschzukunft hineingewachsen.

Ich habe dabei gelernt: Ich kann meine Zukunft gestalten. Das ist nicht immer der große Sprung. Sondern eher die vielen kleinen Entscheidungen, die alle in die gleiche Richtung gehen. Und mich am Ende dahin führen, wo ich hinwill. Ich habe meinen Fokus dabei nie aus dem Blick verloren. Und habe meine »bevorzugte« Zukunft damit zu meiner Gegenwart gemacht.

Nah oder fern

Stell dir noch einmal deine Taschenlampe für deine Zukunft vor. Wir können einerseits den Lichtkegel weiten oder fokussieren. Andererseits können wir auch entscheiden, wie weit wir leuchten wollen.

Gerade in Krisensituationen kann es sehr hilfreich sein, sich unterschiedliche Zukünfte vorzustellen – nahe und ferne Zukünfte.

Hast du gerade eine Wurzelbehandlung beim Zahnarzt, reicht dein Denken vielleicht nur bis zum Ende der Behandlung. »Es ist gleich vorbei« ist so ein Versprechen auf die sehr nahe Zukunft. Steckst du im juristischen Staatsexamen, hilft es eher, die mittelfristige Zukunft in den Blick zu nehmen. »Nach dem Jahr mache ich erst mal vier Wochen Urlaub« könnte so eine Zukunftsperspektive sein.

Manche Menschen planen vor allem für die weite Zukunft: Wenn die Kinder aus dem Haus sind, wenn ich in Rente bin ... Natürlich ist es sinnvoll, auch unsere noch weiter entfernte Zukunft in unseren Entscheidungen zu berücksichtigen (zum Beispiel bei unseren Finanzen). Aber alles auf irgendwann zu verschieben ist keine gute Idee. Deshalb macht es Sinn, uns mit verschiedenen Zeitspannen unserer Zukunft zu beschäftigen. Dabei gilt: Wir überschätzen meist, was wir an einem Tag schaffen können – und unterschätzen, was wir in einem Jahr erreichen können.

Was du in deinem Leben zum Beispiel schon innerhalb eines Jahres gelernt hast: laufen, sprechen, lesen und schreiben

Tool: ***7 x Zukunft***

Wenn du dir deine Zukunft vorstellst, woran denkst du dann konkret? Stellst du dir dich in drei Jahren vor? Oder in 30? Oder schaust du einfach bis zum nächsten Lebensabschnitt?

Meist haben wir eine »Lieblingszukunft«: Wenn ich erst befördert bin, wenn ich erst Kinder habe, wenn die Kinder erst mal größer sind, wenn ich Rentnerin bin ... Dabei blenden wir aber viele Zwischenschritte aus. Das ist schade – und hilft uns bei unserer Zukunftsplanung auch nicht weiter.

Nimm dir deshalb Zeit, um in verschiedene Zukünfte zu springen. Lege den Fokus dabei auf einen wichtigen Aspekt in deinem Leben, zum Beispiel Sinnerleben, Gesundheit, Entwicklung.

Auf welchen Aspekt deiner »bevorzugten Zukunft« willst du dich dabei konzentrieren?

Nun springen wir in verschiedene Zukünfte. Was könntest du dafür tun?

In 30 Sekunden (zum Beispiel einmal tief ein- und ausatmen)

In 30 Minuten (zum Beispiel einen Kaffee trinken, jemandem eine nette Nachricht schreiben)

In 30 Stunden (zum Beispiel heute Abend etwas Leckeres kochen, einen Spaziergang machen, früh schlafen gehen)

In 30 Tagen (zum Beispiel viermal zum Yoga gehen, ein Buch zum Thema lesen, ein Journal führen)

In 30 Wochen (zum Beispiel eine Weiterbildung besuchen, ein Entwicklungsgespräch mit meiner Führungskraft führen, ein Coaching machen)

In 30 Monaten (zum Beispiel eine Ausbildung machen, einen neuen Job finden)

In 30 Jahren (zum Beispiel meine Arbeitszeit verkürzen, mich ehrenamtlich engagieren)

Die Qual der Wahl

Bisher haben wir versucht, von der Gegenwart aus deine Zukunft auszuleuchten und zu planen. Manchmal fällt uns diese Perspektive aber schwer. Besonders wenn unsere Gegenwart keinen festen Grund bietet, können wir von dort aus kein Fernrohr in die Zukunft richten. »Wo ich in fünf Jahren sein will? Ich will erst mal den Tag heute überstehen« – so könnte es klingen, wenn wir sehr belastete Menschen nach ihren Zukunftsplänen fragen. Aber nicht nur Krisen oder schwierige Situationen, auch die Menge der Wahlmöglichkeiten kann uns überfordern. Und vor lauter Auswahl tun wir dann einfach nichts – oder das, was wir immer tun.

Carolin:
Als Kind haben meine Geschwister und ich bei meiner Oma immer ein paar Groschen bekommen, um uns bei der »Eismadel« – einer älteren Frau in der Nachbarschaft – zwei Kugeln Eis zu kaufen. Es gab nur vier Sorten: Erdbeere, Zitrone, Schokolade und Vanille. Alle waren superlecker. Wir haben das geliebt.

Vor einigen Jahren waren wir mit unseren Töchtern im Sommer in Italien. Nachmittags wollten wir gemeinsam Eis essen gehen. An dem Stand gab es über 30 verschiedene Sorten. Wir standen ratlos – und vollkommen überfordert – vor der Auswahl. Am Ende haben wir uns entschieden (und je nach Gemüt etwas Exotisches oder doch Vanille gewählt). An das Eis erinnere ich mich nicht mehr, aber an den Zweifel: Hätte ich doch lieber etwas anderes nehmen sollen?

Mehr Auswahl macht uns oft nicht glücklicher, sondern überfordert uns

Einladung zur Selbstreflexion:

Du hast in den letzten Kapiteln schon viele Ideen und Impulse erhalten und womöglich eine Menge Ideen erarbeitet, wie deine berufliche Zukunft aussehen könnte. Wenn du zurückblätterst, welche Gefühle löst das bei dir aus?

Was ermutigt dich? Was gibt dir Energie?

Was bremst dich? Was schüchtert dich womöglich ein?

Was gefällt dir bisher am besten (was ist dein »Vanilleeis«)?

Zurück in die Zukunft?

Wenn es uns schwerfällt zu entscheiden, können wir auch anders vorgehen. Dabei planen wir unsere Zukunft andersherum – nämlich aus der Zukunft selbst. Wie das gehen soll? Wir springen wie Zeitreisende um einige Jahrzehnte nach vorn (ganz ohne Zeitmaschine, dafür mit unserer Fantasie). Wir stellen uns vor, unser Leben sei ganz nach unseren Wünschen verlaufen, und schauen es uns dann in einem Rückblick an. Und wann sind solche (auch gern etwas verklärte) Rückblicke üblich? Genau, an einem runden Geburtstag.

Tool: ***Die Geburtstagsrede***

Stell dir vor, du bist in die Zukunft gereist. Zufällig landest du mit deiner Zeitmaschine genau an deinem 60. Geburtstag (du kannst auch, je nachdem, wie alt du heute bist, den 50. oder 70. nehmen). Es ist eine große Feier geplant, und ein dir sehr nahestehender Mensch hat eine Rede vorbereitet – ein Rückblick auf die letzten Jahrzehnte mit den wichtigsten beruflichen und privaten Stationen. Zufällig findest du den Entwurf der Rede. Als du sie liest, bist du sehr berührt: Du hast dein Leben bewusst und aktiv gestaltet. Die Zeit war reich an Erlebnissen, an Erfahrungen und Begegnungen. Nicht alle sind nur schön, auch Schwieriges ist dabei. Doch du hast alles gemeistert und das Beste daraus gemacht.
Schreib hier die Rede, die du gern lesen möchtest:

Nun lies dir die Rede noch einmal durch.

Was hat dich überrascht?

Was ist dir besonders wichtig?

Was leitest du daraus für dich ab?

»Setz dir Ziele. Und leg die Latte dabei so niedrig, dass es mehr Spaß macht drüberzuspringen, als drunter durchzuschlüpfen.«

Jutta Heller

Clever und smart?

Bestimmt hast du es schon einmal gehört: In vielen Büchern wird empfohlen, sich SMARTe Ziele zu setzen. SMART ist dabei ein Kurzwort. Es bedeutet, die Ziele sollen **S**pezifisch, **M**essbar, **A**ttraktiv, **R**ealistisch und **T**erminiert sein. Und das ist erst mal kein schlechter Rat. Gehen wir das mal durch:

Spezifisch:

Wenn wir uns sehr allgemeine Ziele setzen (»Ich will gesünder leben«), wissen wir selbst nicht so genau, was wir damit meinen. Mehr schlafen? Weniger Süßigkeiten essen? Öfter zum Sport gehen? Aufs Land ziehen? Die Wahrscheinlichkeit, dass wir mit einem so unspezifischen Ziel ins Tun kommen, ist ziemlich gering. Ebenfalls ungünstig sind negativ formulierte Ziele (»Ich will mich nicht mehr so aufregen«). Da fehlt uns eine Idee, was wir stattdessen tun in den Situationen, in denen wir uns aktuell eben aufregen.

Messbar:
Wenn ein Ziel messbar ist, können wir genau sagen, ob wir es erreicht haben. Ein Beispiel wäre »Ich gehe zweimal die Woche für 30 Minuten laufen«. Nicht messbar wäre »Ich gehe regelmäßig laufen« – denn der Begriff »regelmäßig« ist ja sehr dehnbar. Wir feiern zum Beispiel regelmäßig Weihnachten ... Das Ziel sollte also sehr konkret formuliert sein.

Attraktiv:
Hier geht es vor allem darum, zu erkennen: Will ich das wirklich? Oder meine ich nur, dass ich das sollte? »Ich gehe zweimal die Woche laufen« ist für die eine ein Highlight, für den anderen eine Qual. Sich »Vernunft«-Ziele zu setzen und sie dann doch nicht zu erreichen sorgt nur für Frust und schlechte Laune. Dann lieber ehrlich zu sich selbst sein und das Ziel anpassen (vielleicht zu »Ich fahre zweimal pro Woche mit dem Rad zur Arbeit«).

Realistisch:
Selbst wenn die anderen Kriterien alle erfüllt sind, bleibt die Frage: Ist es realistisch, dass ich das Ziel erreiche? Dabei dürfen unsere Ziele schon etwas ambitioniert sein. Aber wir müssen auch unsere Ressourcen im Blick haben (Zeit und Budget gehören dazu, aber auch unser Energielevel). So können wir schon mit einer kleinen Anpassung dafür sorgen, dass Ziele realistischer werden (zum Beispiel: »Ich gehe einmal pro Woche laufen«). Zum Realitätscheck gehört auch die Frage: Kann ich das Ziel selbst und aus eigener Kraft erreichen? Manchmal sind unsere Ziele nämlich gar keine Ziele für uns, sondern für andere (»Mein Mann sollte einmal pro Woche laufen gehen« wäre so was). Und das ist zwar oft gut gemeint, aber völlig zwecklos.

Terminiert:
Mit »terminiert« ist gemeint, dass wir einen festen Zeitpunkt anvisieren, bis wann wir das Ziel erreicht haben. Oft kann das sinnvoll sein (»Bis zum 1. Juli werde ich fünf Bewerbungen schreiben«), aber wie wir weiter oben gesehen haben, gibt es auch Ziele, die sich nicht so konkret terminieren lassen, weil noch zu vieles im Unklaren ist (»Ich will in den nächsten Jahren ein Café eröffnen«). Dann können wir entweder Teilziele definieren und terminieren (»Ich will in den nächsten drei Monaten fünf Cafébesitzer interviewen«) oder eher mit Zeitspannen arbeiten und iterativ nachsteuern.

Wenn wir Ziele smart formulieren, stellen wir schon die Weichen dafür, dass wir sie auch erreichen. Noch kraftvoller werden sie, wenn wir dabei nicht nur smart, sondern auch clever vorgehen. Dafür braucht es weitere Kriterien:

Smart sein bei den Zielen ist super – clever sein ist noch besser!

Ergebnis – Wirkung?
Wir setzen uns oft reine Ergebnis-Ziele (»Zweimal die Woche Sport machen« wäre ein Ergebnis). Oft ist es sinnvoll, zu überlegen, welche Wirkung wir uns davon versprechen (»Mich fitter fühlen«). Das macht uns auf dem Weg flexibler, weil wir die Wirkung auch mit anderen Ergebnissen erreichen könnten.

Auswirkungen?
Alles, was wir tun, hat Auswirkungen – auf uns und auf andere. Nicht alle Auswirkungen sind uns vorher klar, und nicht alle sind gewünscht. Wenn wir zweimal die Woche laufen gehen, könnte eine Auswirkung sein, dass unser Partner/unsere Partnerin frustriert ist, an diesen Tagen die Kinder allein ins Bett bringen zu müssen. Das wiederum kann sehr schnell dazu führen, dass wir unser Ziel wieder aufgeben. Wir sollten also mit Blick auf unsere Ziele überlegen: Welche negativen Auswirkungen könnte das haben? Auf mich? Auf andere? Und was könnte ich präventiv unternehmen, damit das nicht eintrifft (etwa mit unseren Partner:innen einen Gegendeal aushandeln, also einen Tag, an dem sie losziehen können)?

Belohnungen
Wir machen es uns leichter, wenn wir unsere Ziele (und vielleicht auch die Meilensteine) mit Belohnungen verknüpfen. »Wenn ich die drei Bewerbungsgespräche geführt habe, lade ich meine Freundin ins Kino ein« wäre dafür ein Beispiel.

Einladung zur Selbstreflexion:

Hast du schon ein konkretes Ziel für dich gefunden?
Dann plane es hier einmal – smart und clever:

Spezifisch: Was willst du ganz konkret erreichen?

Messbar: Woran misst du deinen Fortschritt? Woran das Ergebnis?

Attraktiv: Wie sorgst du dafür, dass dir nicht nur das Ergebnis, sondern auch der Weg dahin gefällt?

Realistisch: Welche Ressourcen brauchst du? Ist das wirklich dein Ziel?

Terminiert: Bis wann willst du was genau tun?

Ergebnis – Wirkung: Welche Wirkung versprichst du dir von deinem Ziel?

Auswirkungen: Welche (negativen) Auswirkungen könnte dein Ziel haben? Was kannst du präventiv tun, damit das nicht eintritt?

Belohnung: Was tust du dir Gutes, wenn du das Ziel erreicht hast?

Nun kann es passieren, dass du zwar wunderbare Ziele gefunden hast, dazu viele Ideen, wo es in den nächsten Jahren beruflich für dich hingehen könnte – aber irgendwie kommst du nicht ins Handeln.

Herminia Ibarra ist Professorin für Organizational Behavior an der London Business School und gibt Webinare zum Thema »Karrierewechsel«. Ihre Beobachtung: Obwohl die Kurse gut gebucht sind, kommen viele Teilnehmende anschließend einfach nicht in die Umsetzung. Seit 2020 befragte Ibarra zusammen mit ihrem Team knapp tausend Absolvent:innen der Kurse, welche Hürden sie denn davon abhalten, ihre berufliche Zukunft konkret anzugehen.[1] Die Antworten lassen sich in fünf Gründen zusammenfassen:

- **Unklarheit** über den nächsten Schritt bzw. womit man anfangen soll
- **Ängste** vor Überforderung, Versagen oder Egoismus
- **Fehlende Netzwerke** für die neuen Ziele
- **Finanzielle Einschränkungen**, die aktuell nicht leistbar sind
- **Mangel** an geforderten **Kompetenzen**

2023 startete das Team um Ibarra eine neue Studie und fragte, was denn eine berufliche Veränderung fördert. Die Antworten ergaben – von ChatGPT kategorisiert – folgende fünf Hebel:

1. **Vernetzen**
   Dazu hast du im letzten Kapitel schon viel gehört. An dieser Stelle noch mal die Erinnerung: Wenn du neue Wege gehen willst, stößt du mit deinem bisherigen Netzwerk wahrscheinlich an deine Grenzen. Deutlich mehr Flexibilität erlangst du über entferntere Bekannte. Eine experimentelle Studie beobachtete über fünf Jahre lang mehr als 20 Millionen Netzwerke von LinkedIn-Nutzer:innen und registrierte dabei 600 000 neu vermittelte Jobs. Das bedeutet: Neue Verbindungen können zu neuen Optionen führen. Überraschend war in der Untersuchung, dass sich auch erfahrene Fachkräfte oft zur Vernetzung »überwinden« mussten. Mit zunehmender Übung verschwand dieser Effekt jedoch – das macht doch Mut!

2. **Kompetenzen erweitern**
Du willst deinen Aufgabenbereich erweitern oder in eine neue Branche wechseln? Die Zahl der über 35-jährigen Studierenden steigt stetig, viele Fachrichtungen werden berufsbegleitend angeboten. Es muss aber gar nicht immer ein komplettes Studium sein, auch gezielte Weiterbildungen und Trainings von zertifizierten Ausbildungsinstituten können dir neue Qualifikationen liefern. Beginne damit, ein Kompetenzprofil für dich anzulegen, das du laufend erweiterst. So ein Profil hält einfach fest, welche **fachlichen Kompetenzen** du dir im Laufe deiner beruflichen Laufbahn angeeignet hast (Ausbildungen, Sprachen, Software, Fachbereiche etc.), welche **methodischen Kompetenzen** dabei waren (Projektmanagement, Präsentation, Workshopleitung etc.), welche **sozialen Kompetenzen** du im Umgang mit anderen Menschen mitbringst (Empathie, Konfliktlösung, Motivation etc.) und welche **persönlichen Stärken** dich zu einem wertvollen Teammitglied oder einer guten Führungskraft machen (Durchsetzungsfähigkeit, Neugier, Kreativität etc.).

3. **Experimentieren**
Auch hierzu hast du schon ein paar Anregungen in Kapitel 7 bekommen, wie du zur Forscherin in eigener Sache wirst und herausfindest, ob deine Job-Idee auch in der Realität hält, was du dir von ihr erträumst. Tauche ein in die Welt dieser Tätigkeiten, die dich reizen, und sprich mit vielen Menschen, die das bereits machen. Bilde dich auf Messen, Kongressen und über Video-Tutorials weiter und spüre immer mehr, wie du Teil dieser Berufswelt wirst. Wie geht es dir dabei?

4. **Informationen sammeln**
Fertige eine Liste von 20 Unternehmen an, die dir als Arbeitgeber oder als Kunden attraktiv erscheinen. Dir fallen nicht mal fünf ein? Ein guter Anlass, um in die Recherche einzusteigen. Geh durch die DAX-40-Liste und schau dir hier Unternehmen genauer an, die interessant sein könnten. Falls dir das nicht international genug ist, mach mit der Nasdaq-Liste weiter. Du magst es lieber eine Nummer kleiner? Dann forsche weiter nach Mittelstandslisten in

deiner Region. Oder durchforste die Online-Jobportale nach gut formulierten Anzeigen statt nach Tätigkeitsbereichen. Verschaffe dir einen Überblick, welche Auftritte, Werte und Missionen dich ansprechen. Prüfe auf www.kununu.com, wie diese Unternehmen von Arbeitnehmenden bewertet werden. Vernetze dich mit Angestellten aus diesen Unternehmen oder besuche offene Veranstaltungen wie Messen oder Kongresse, wo sie vertreten sind, und komme ins Gespräch mit Vertreter:innen. An dieser Stelle kann es gut sein, dass du merkst: Mein aktuelles Unternehmen ist doch ziemlich gut! Dann verabschiede dich (vorerst) vom Firmenwechsel und wende dich einem Plan zu, wie du dich intern weiterentwickeln kannst.

5. **Selbstreflexion**
Halte für dich selbst immer wieder fest, was du konkret gemacht hast und was davon am besten funktioniert. Gute Fragen sind: Wo hast du deine Stärken weiterentwickelt? Welche spannenden Menschen hast du kennengelernt? Was spricht dich wirklich an bei Unternehmen? Deine Aktivitäten zu notieren und zu reflektieren wird dein Selbstbewusstsein stärken und dich auf Dauer zum Veränderungsprofi machen! Es schenkt dir innere Sicherheit (»Das hat schon mal geklappt«), hilft dir beim Überwinden negativer Gedanken und Glaubenssätze und macht das Überstehen von unsicheren Phasen leichter. Wenn du magst, nimm dir für die ersten Veränderungswochen einen guten Coach.

Einladung zur Selbstreflexion:

In welchen Bereichen bist du schon gut vernetzt?

____

Welche Netzwerke würdest du dir gerne noch erschließen?

____

Wie viel Zeit willst du künftig täglich/wöchentlich fürs Netzwerken einsetzen?

Welche neue Kompetenz würde dir helfen, deine Lieblings-Job-Idee zu verwirklichen?

Über welche Weiterbildung könntest du dir diese Kompetenz aneignen?

Welche Experimente willst du konkret durchführen, um deine Job-Idee besser kennenzulernen?

Welche 20 Unternehmen stehen auf deiner Liste der attraktiven Arbeitgeber?

In welcher Form und Frequenz willst du künftig reflektieren, wie du mit deinen Karrierewechsel-Plänen vorankommst?

Natürlich weiß niemand, ob dich deine Ideen geradewegs ins Job-Paradies führen. Wenn du es nicht ausprobierst, wirst du aber möglicherweise immer denken: Hätte ich doch! Eine Idee, die du – wenn auch in kleinem Umfang – ausprobiert hast und die sich dabei als nicht passend erwiesen hat, kannst du mit gutem Gewissen verabschieden. Teilweise passende Ideen kannst du in kleinen Schritten weiterentwickeln. Hauptsache, du kommst ins Handeln. Deshalb legen wir dir an dieser Stelle die Einführung eines Zwei-Stunden-Rituals ans Herz.

Tool: *Das Zwei-Stunden-Ritual*

Reserviere zwei Stunden in der Woche für deine persönliche Weiterentwicklung im Beruf. Nicht nach dem Motto »Mal schauen, wann's reinpasst«, sondern immer zur gleichen Zeit, etwa freitagnachmittags, mittwochvormittags oder auch am Samstag, egal. Du kannst unmöglich zwei Stunden am Stück reservieren? Dann nimm zwei einzelne Stunden. Zwei Stunden sind dir zu wenig? Dann blocke dir vier oder mehr Stunden. Hauptsache, es gibt einen Zeitraum in deinem Kalender, den du in den nächsten Wochen regelmäßig für deine Karriereentwicklung nutzen wirst. Beginne möglichst noch diese Woche damit.

Mein Ritual findet künftig statt (Wochentag, Uhrzeit):

____

Beginne dein Ritual immer mit der gleichen kleinen Aktion, zum Beispiel spiele ein dich inspirierendes Lied ab, höre einen Gong und konzentriere dich eine Minute lang auf deinen Atem, oder mach, was immer dir hilft, um in deinen Fokus zu kommen. Stelle alle anderen Störquellen ab (Mail aus, Handy im Flugmodus, Tür zu).

Meine kurze Einstiegsaktion ist:

____

Als Nächstes führe dir noch mal dein Ziel vor Augen. Ist es der Jobwechsel in ein anderes Unternehmen oder sogar eine andere Branche? Oder willst du dich intern in deiner aktuellen Firma weiterentwickeln? Willst du gründen? Oder mit frischem Mut wieder einsteigen? Was ist dein konkretes Ziel in wenigen Worten?

Mein Ziel ist:

Welches Problem löst du damit? Hintergrund: Du wirst leichter Mitstreiter:innen oder Entscheider:innen für dich gewinnen, wenn du ihnen zeigst, welches Problem du für sie lösen kannst. Deshalb stimme dich regelmäßig darauf ein (zum Beispiel: ich fördere den Austausch im Unternehmen, ich leiste einen Beitrag zum Klimaschutz, ich entschärfe den Fachkräftemangel, ich schließe Wissenslücken ...).

Ich löse folgendes Problem mit meiner neuen Ausrichtung:

Jetzt legst du fest, welchen Meilenstein du in den nächsten beiden Stunden erreichen möchtest. Du hast dein Unterbewusstsein nun mit den wichtigsten Informationen vorbereitet, so kann es dich auch bei der weiteren Arbeit unterstützen. Fasse unbedingt ein realistisches Arbeitsziel ins Auge, denn wenn du häufiger dein Ziel nicht erreichst, womöglich immer länger als die geplante Zeit daran sitzt, dann verlierst du schnell die Lust. Notiere lieber etwas wie: zehn spannende Unternehmen recherchieren, zwei Interviews führen und zusammenfassen, fünf richtig gute Unterstützer:innen im Unternehmen ausmachen, ein Kompetenzprofil von mir anfertigen, passende Weiterbildung recherchieren und buchen ...

Mein Meilenstein für mein erstes Ritual:

Stelle einen Wecker, damit du nach etwa einer Stunde eine kleine Pause mit Aufstehen, Trinken oder Bewegen einlegen kannst. Und starte dann noch mal voll konzentriert für die restliche Zeit durch. Höre wirklich nach zwei Stunden auf. Wenn du magst, überlege dir auch noch eine kleine Abschlussaktion, zum Beispiel die erarbeiteten Ergebnisse in einen Ordner schieben und den Schreibtisch wieder freiräumen, lüften etc.

Ines:
Für meine früheren Bücher hatte ich immer mehr Zeit, beim letzten hatte die Pandemie meinen Kalender sogar erst mal komplett leer gefegt. Ganz anders bei diesem hier. Da waren meine Coachees, die ich weiterbetreuen wollte, und meine Kurse, die schon ein Jahr im Voraus bestellt waren. So fand ich mich – mal wieder – in der Situation, meinem Zeitplan meilenweit hinterherzuhinken. Mit zwei Stunden in der Woche würde ich da auch nicht weiterkommen, und meine Wochen sehen so unterschiedlich aus, dass ich in Kurswochen schreibtechnisch quasi ausfalle.

Also habe ich das Zwei-Stunden-Ritual in »Schreibwochen« umgewandelt. In diesen Wochen sitze ich täglich (außer Sonntag) von 8 bis 12 Uhr am Schreibtisch – ohne Ausnahme. Alle Störquellen sind ausgeschaltet, ich starte mit »Flowers« von Miley Cyrus, während ich mich mit Getränken und Materialien ausstatte (ich arbeite immer auch mit Büchern und Zeitschriften neben mir, das Blättern inspiriert mich, wenn es mal hängt). Sobald ich sitze, verinnerliche ich mir noch mal unser Buch-Motto, das unser wunderbarer Murmann-COO Lukas mit Carolin und mir erarbeitet hat: »Mach's dir leicht! Wir liefern dir komplexe Themen in leicht verdaulichen Häppchen – damit du Lust bekommst, dein Leben und deine Karriere selbst zu gestalten.«

Das Problem, das wir damit lösen? Wir verwandeln eine passiv-abwartende Haltung in eine proaktiv-gestaltende und sorgen so für kreative und zufriedene Menschen in Unternehmen, die fit für die Zukunft sind. Bei mir funktioniert dieses Schreibwochen-Ritual großartig, ich schaffe deutlich mehr in kürzerer Zeit, und an den Nachmittagen bleibt Zeit für alle anderen Aufgaben.

Du hast einfach zu viel auf deinem Zettel?

Möglicherweise befindest du dich gerade in einer Lebensphase, die dir wirklich alles abverlangt? Oder in der dir dein Umfeld wenig Neues zutraut? Resilienz ist eine variable Größe. Je nach Lebensphase sind es ganz unterschiedliche Faktoren, die uns mal mehr und mal weniger beschäftigen. So kann es durchaus geschehen, dass in der Jugend sehr widerstandsfähige Menschen in der zweiten Hälfte ihres Lebens unter den Anforderungen von allen Seiten leiden, während einst gestresste Mittzwanziger im Laufe ihres Lebens immer widerstandsfähiger werden.

Es hilft enorm zu wissen, dass wir nicht allein sind mit dem, was uns stresst. Auch wenn ein Denken in Schablonen niemals den einzelnen Menschen gerecht werden kann. Wir nutzen hier das Modell der Lebensphasen, das wir vereinfacht und ergänzt haben, entsprechend unseren Erfahrungen mit Kursteilnehmenden und Coachees. Findest du dich in einer der Phasen aktuell wieder?

Was stresst in welcher Lebensphase?

Einstiegsphase: In einem Beruf ankommen
Ziel: berufliche und/oder Sinn-Zugehörigkeit finden
Treibende Frage: Wo gehöre ich hin?
Stressoren: befristete Verträge – wenig Planbarkeit, schroffer Umgangston, mangelnde Anerkennung, eigene Ideen werden vom Team abgelehnt – keine Selbstwirksamkeit spüren, Zweifel an der Lebensweggestaltung, mangelnde Identifikation mit der Berufsgruppe

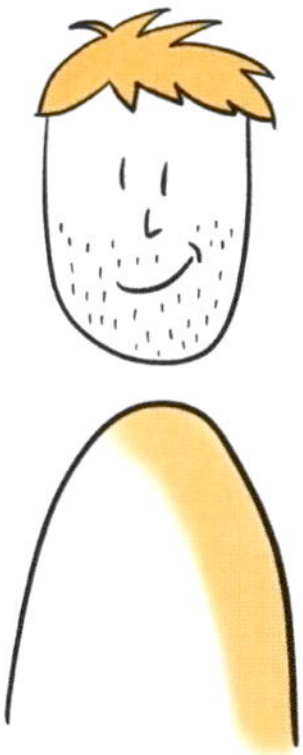

Karrierephase: Sich beweisen
Ziel: etwas leisten, Lebensstilzugehörigkeit finden
Treibende Frage: Wer bin ich? Wer will ich sein?
Stressoren: dauernde Erreichbarkeit, mangelnde Resonanz für die eigene Leistung, Stagnation oder Perspektivlosigkeit, die Sorge vor Fehlern bei der Karriereplanung, Vergleich mit Kommiliton:innen, die schneller vorankommen, Überforderung durch »Zu-viel-auf-einmal-Wollen« und mangelnde Erholung

Familienphase: Sich aufteilen
Ziel: Anforderungen im Privaten gerecht werden, Anschluss halten
Treibende Frage: Wie schaffe ich das zum Wohle von uns allen?
Stressoren: Zeitmangel, Forderungen von allen Seiten (Kinder, Eltern, Führungskräfte, Mitarbeitende, Kolleg:innen, Freunde …), das Gefühl von Unzulänglichkeit in allen Bereichen, Schlafmangel und ständige Erreichbarkeit für zu Pflegende, Schicksalsschläge, Getriebensein, nur Reagieren auf Notfälle statt gezieltes Agieren

Integrationsphase: Sich verbinden
Ziel: persönlich wachsen durch Beziehungen, Balance
Treibende Frage: Wie will ich leben?
Stressoren: zu wenige tragfähige Beziehungen, Isolation, narzisstische Charaktere im Umfeld, zu wenig Ausgleich für Arbeitszeit, mangelnde Weiterbildungsangebote (v.a. in Richtung Integration, Kollaboration, Mentoring, Mediation oder Ähnliches), Disbalance

Abrundungsphase: Spuren hinterlassen
Ziel: nachhaltige Existenz fördern
Treibende Frage: Was soll von mir bleiben?
Stressoren: abgeschoben werden, Gefühl der Sinnlosigkeit des eigenen Schaffens über die Jahrzehnte, Ausschluss von neuen Teams und Zukunftsthemen, Desinteresse der anderen am erarbeiteten Wissen, ständig steigendes Arbeitstempo und Komplexität der Herausforderungen, neue Systeme und Technologien, Angst vor dem Ruhestand, Einsamkeit

Das ist natürlich eine schematische Darstellung, und sicher gibt es viele Zwischenphasen. Was wir an dieser Stelle aber sagen wollen: Mach dir bewusst, in welcher Phase du dich gerade befindest und wie viel Raum du deiner beruflichen Weiterentwicklung geben kannst.

Ein **Beispiel:** Unser Coachee Alexander war sich schon früh sicher, dass er mit seiner Freundin Anke eine Familie gründen möchte. Schon während seines Informatikstudiums kam die erste Tochter zur Welt, kurz vor der Fertigstellung seiner Masterarbeit die zweite. Gleichzeitig war beiden Elternteilen wichtig, dass auch Anke beruflich am Ball bleibt. Alexander war also, als er in seine berufliche Einstiegsphase startete, bereits mitten in seiner Familienphase.

Er einigte sich mit Anke darauf, dass sie ein halbes Jahr nach der Geburt des zweiten Kindes zu 50 Prozent wieder in die Arbeit einsteigt und er dann auf 70 Prozent reduziert. Und dass sie sich die Care-Arbeit möglichst fair aufteilen. Er beschäftigte sich intensiv sowohl mit der Frage »Wo will ich hin?« als auch mit dem ganz pragmatischen Ansatz »Wie schaffen wir das zusammen so, dass es allen gut geht?«. Die Karrierephase, also das Sich-beweisen-Wollen, was alles möglich ist, schob er bewusst auf die Jahre, wenn die Kinder selbstständiger sind und nicht mehr so viel Betreuung und Anwesenheit benötigen.

> *»Fälschlicherweise denken wir, dass Erfolg aus der Quantität der Arbeit entsteht, die wir in etwas stecken, anstatt der Qualität.«*
>
> Arianna Huffington

Einladung zur Selbstreflexion:

In welcher Lebensphase befindest du dich aktuell?

____

Welche Fragen beschäftigen dich gerade am meisten?

____

____

____

Für welchen Stress in deinem Leben wünschst du dir neue Strategien?

____

____

____

Du fühlst dich zu jung oder zu alt für bestimmte Wege?

Ganz generell wollen wir dich an dieser Stelle ermutigen, die unterschiedlichen Lebensphasen als Chance zu sehen, Vielseitigkeit zu leben. Die Wirtschaftsingenieurin und Expertin für Innovationsstrategien Irène Kilubi, die ein Action Book für alle Generationen geschrieben hat, sagt sinngemäß: Größer als alle Unterschiede sind unsere Gemeinsamkeiten! Wir alle wünschen uns von der Arbeitswelt:

- als Mensch gesehen und gehört zu werden,
- Respekt und Wertschätzung,
- ein faires Gehalt und transparente Entwicklungschancen,
- interne Netzwerke, regelmäßigen Austausch, informelle Begegnungspunkte,
- gemäß unserer individuellen Stärken zu arbeiten.

Für dich konkret bedeutet das: Nutze deine jeweilige Lebensphase mit der passenden Unterstützung und Argumentation!

- Du bist in der Familienphase und weißt morgens beim Aufwachen schon nicht, wie du alles an diesem Tag schaffen sollst? Suche dir **Mentor:innen**, die diese Phase erfolgreich überstanden haben.
- Du bist schon lange Führungskraft in deinem Unternehmen, möchtest aber so langsam einen Gang runterschalten? Dann engagiere dich für ein **Job-Tandem** oder **Shared-Leadership-**Modell mit einer jüngeren Person, die sich in Richtung Führung entwickeln möchte. So könnt ihr die Verantwortung teilen und stärkenorientiert arbeiten. Das will dein Unternehmen nicht? Überzeuge deine Geschäftsführung mit positiven Beispielen; davon gibt es mittlerweile unzählige im Netz.
- Du bist jung und noch recht neu in deinem Unternehmen, interessierst dich aber brennend für Innovations-, Zukunfts- und strategische Unternehmensthemen? Dann rege die Bildung eines **Shadow Boards** an! In diesem Format tauschen sich Nachwuchskräfte regelmäßig mit dem Vorstand aus, um einerseits die Perspektiven der älteren Manager:innen zu erweitern und andererseits als engagierte Talente wahrgenommen und in Richtung Unternehmensführung entwickelt zu werden. Gibt's bei euch noch nicht? Suche dir Literatur, Erfahrungen von anderen und Mitstreiter:innen.
- Du findest, bei euch fließt viel zu viel Zeit und Energie in Reibereien zwischen älteren und jüngeren Mitarbeitenden? Und diese Zeit könnte viel besser genutzt werden? Schlag ein **Generationentraining** vor, das gezielt mit euch herausarbeitet, was euch eint, was ihr braucht und wie ihr euch gegenseitig unterstützen könnt.

Es gibt mittlerweile einige Formate, die den Dialog zwischen Mitarbeitenden verschiedener Altersstufen fördern, und ständig entstehen neue. Allerdings sind viele Unternehmen noch nicht so weit und haben diese Möglichkeiten bisher nicht auf dem Schirm. Das kann eine Steilvorlage für dich und deine Träume sein.

> ***»Rahmenbedingungen lassen sich ändern. Von dir, von mir, von uns allen.«***
>
> Irène Kilubi

Tool: ***Der Persona-Pitch-Plan***

1. **Format:** Benenne das Format, das du gerne bei euch im Unternehmen hättest, und schreibe es hier auf (zum Beispiel Shadow Board anregen):

2. **Recherchieren:** Als Nächstes recherchiere, welche Informationen du dazu im Netz findest (30–60 Minuten). Wie wird es definiert? Welche Erfahrungsberichte findest du dazu? Gibt es Tipps zum Vorgehen? Führe eventuell auch noch Interviews mit Menschen, die dein Wunschformat bereits erfolgreich umgesetzt haben. Notiere deine wichtigsten Erkenntnisse hier:

3. **Zielperson greifbar machen:** Erstelle nun eine Persona für deine Geschäftsführung, Vorstand oder wer auch immer überzeugt werden muss. Gerne kannst du mit der folgenden Vorlage arbeiten.

Schreibe zuerst den **Namen** der Person auf, die du überzeugen musst, dann ihre **Jobs**: Was sind ihre Aufgaben? Zum Beispiel den Betrieb aufrechterhalten, Arbeitsplätze schaffen, Gewinn erwirtschaften, Entwicklung sichern … Als Nächstes ist der Bereich **Pains** dran: Was schmerzt diese Person im Hinblick auf ihre Jobs und die allgemeine Entwicklung? Zum Beispiel Fachkräftemangel lässt Stellen länger unbesetzt, hohe Fluktuation beeinträchtigt Wissenstransfer, zu wenig Führungswillige erhöhen den eigenen Work Load signifikant … Als Letztes füllst du die Rubrik **Gains** aus: Was würde der Person helfen, diese Pains zu lindern? Und wie kann dein Wunschformat dazu beitragen, diese Linderung zu verschaffen?
Besteht die Geschäftsführung bei euch aus mehreren Menschen, kannst du dir die Person mit dem größten Einfluss aussuchen oder mehrere Personas anfertigen.

4. **Vorbereiten:** Jetzt hast du eine Idee davon, was deine Zielperson am ehesten überzeugen könnte. Erstelle eine Präsentation, die die wahrscheinlichen Bedenken deiner Geschäftsführung berücksichtigt und die Vorteile deines Wunschformats klar auf den Punkt bringt. Reichere die Präsentation mit Best-Practice-Beispielen aus deiner Recherche an und berichte, wie positiv sich diese Boards auf die Unternehmenskultur, Innovation und Talententwicklung ausgewirkt haben.

5. **Pitch:** Formuliere eine knackige Vorstellung deines Projekts in 30 bis 60 Sekunden. Sie soll nicht alle Fragen beantworten, sondern neugierig auf mehr machen, indem sie dein Ziel benennt, dein wichtigstes Argument aufgreift und mit einem Wunsch endet, was als Nächstes geschehen soll. Schreibe deinen Pitch hier auf:

6. **Unterstützer:innen gewinnen:** Wer in deinem Unternehmen könnte dich bei deinem Projekt unterstützen? Identifiziere potenzielle Befürworter:innen und führe Gespräche mit ihnen, die immer wieder mit deinem Pitch beginnen. Frage: Was würdest du noch als Argument anführen oder wissen wollen? Verfeinere deinen Pitch nach jedem Gespräch. Mit wem willst du sprechen, wen willst du ins Boot holen?

7. **KI nutzen:** Übe das erste Gespräch mit den Entscheidern, indem du ein Rollenspiel mit ChatGPT durchführst. Übernimm dabei selbst die kritische Geschäftsführung und gib der KI deine Rolle. Deine Anleitung für die KI könnte wie folgt lauten: »*Ich möchte mit dir ein interaktives Rollenspiel durchführen. Du sollst die Rolle eines engagierten jungen Talents spielen. Ich bin die kritische Geschäftsführung. Das Setting ist eine kurze Präsentation deiner Idee als Talent, das Format XY (zum Beispiel eines Shadow Boards) einzuführen. Ich werde das immer wieder ablehnen, du bleibst bitte immer wertschätzend und konstruktiv. Das Spiel beginnt mit meiner Frage: Was möchten Sie mir vorstellen? Und es endet mit meinem Satz: Vielen Dank für das Gespräch. Hast du das Spiel verstanden?*«
Lass dich überraschen, was dir die KI in diesem Rollenspiel liefert. Gute Fragen für dich als kritischer Gesprächspartner können sein:
Woher sollen wir denn die Zeit dafür nehmen?
Was haben wir davon?
Wer soll die Verantwortung dafür übernehmen?
Welche Rolle wollen Sie dabei spielen?
...
Ist bei den KI-Antworten noch etwas Neues für dich dabei? Binde es eventuell in deine Präsentation oder eine separate Argumenteliste ein oder führe weitere Gespräche mit möglichen Unterstützern. Notiere hier deine wichtigsten Erkenntnisse:

8. **Entscheider einbinden:** Vereinbare einen maximal 30-minütigen Termin mit deiner Geschäftsführung oder der Person, die über dein Ziel entscheiden kann. Deine Präsentation sollte dabei maximal zehn Minuten dauern und die Ziele sowie den Nutzen des Formats anschaulich schildern. Der Rest der Zeit bleibt für Fragen und mögliche Einwände, für die du vorher eine Liste mit guten Argumenten angelegt hast. Schlage deine Idee zunächst als **Pilotprojekt** vor, um die Machbarkeit zu testen und mögliche Risiken zu minimieren.

9. **Evaluation und Geduld:** Biete bereits von dir aus an, nach einer bestimmten Zeit Feedback von allen Beteiligten einzuholen und das Projekt zu evaluieren. Wurden die Ziele erreicht? Wenn nicht, wie könntet ihr nachjustieren?
Mach dich auf eine Übergangsphase gefasst und bleibe geduldig. Veränderungen brauchen Zeit, und jede Woche liefert dir die Gelegenheit, weitere Unterstützer zu gewinnen oder neue Erfolgsgeschichten zum Thema zu finden.

Wann immer du Bedingungen verändern möchtest, kannst du mit dem Persona-Pitch-Plan arbeiten, weil dich diese Methode in kleinen Schritten selbstsicherer macht. Das passiert oft automatisch, wenn du immer mehr Wissen sammelst, Unterstützer:innen findest und proaktiv ein Vorgehen vorschlägst, das euch weiterbringen kann. Wenn du auf Ablehnung stößt, lass dich nicht entmutigen, denn die Arbeitswelt wird sich in den nächsten Jahren weiter verändern.

Eine Auswahl der für uns wichtigen Arbeitsmarkttrends.[2]

- **Klassische Karrierepfade sind Schnee von gestern**
  Als Reaktion auf den angespannten Arbeitsmarkt stellen Unternehmen zunehmend Arbeitnehmende mit alternativen Qualifikationen ein. Das bedeutet, auch ältere Mitarbeitende bekommen neue Chancen, es wird vermehrt Karrierepausen und Branchenwechsel geben, befristete Arbeit wird akzeptiert.
- **Wertversprechen für Mitarbeitende wandeln sich**
  Die Vier-Tage-Woche wird in vielen Unternehmen Routine werden, um Mitarbeitende zu halten. Damit die Menschen wieder in die Büros zurückkommen, werden Forderungen nach Zuschüssen lauter. Die immer stärkeren Auswirkungen des Klimawandels erfordern von Organisationen explizite und transparente Reaktions- und Unterstützungspläne.
- **KI verändert unser Arbeiten**
  Viele Stellen werden durch KI eher umgestaltet als komplett abgeschafft, zudem entstehen neue Rollen. Denn KI-Output ist oft fehlerhaft und benötigt Qualitätskontrolle. Weiterbildung und Training werden immer wichtiger.

- **Führungskräfte brauchen neue Kompetenzen**
  Das weltpolitische Geschehen führt zunehmend zu Meinungsverschiedenheiten und Konflikten in Teams. Gelingt es Führungskräften, diese zu lösen, hat dies einen überdurchschnittlich positiven Einfluss auf Unternehmen. Vielfalt wird als Aufgabe von einzelnen Abteilungen auf die ganze Organisation verlagert.

Einladung zur Selbstreflexion:

Auf welchen Trend zahlen deine Job-Ideen ein?

____

Wie könntest du das noch in deine Argumentation für dich integrieren?

____

____

____

Welche neuen Kompetenzen könnten dich hier noch weiterbringen?

____

____

____

Nur wenn du selbst weißt, welche Bereiche und Themen dich wirklich interessieren und an welcher Stelle du etwas bewegen möchtest, kannst du auch so wahrgenommen werden. Wenn du Vorschläge und Ideen entwickelst, die zu den Herausforderungen unserer Zeit passen, dann traut man dir auch zu, einen wichtigen Beitrag leisten zu können. So erhöhst du signifikant deine Chancen, deinen Traumjob auch zu bekommen und langfristig erfolgreich zu sein. Und wenn du dazu immer wieder unsere kleinen Resilienz-Hacks einsetzt, dann wird dein Weg leichter und verspielter.

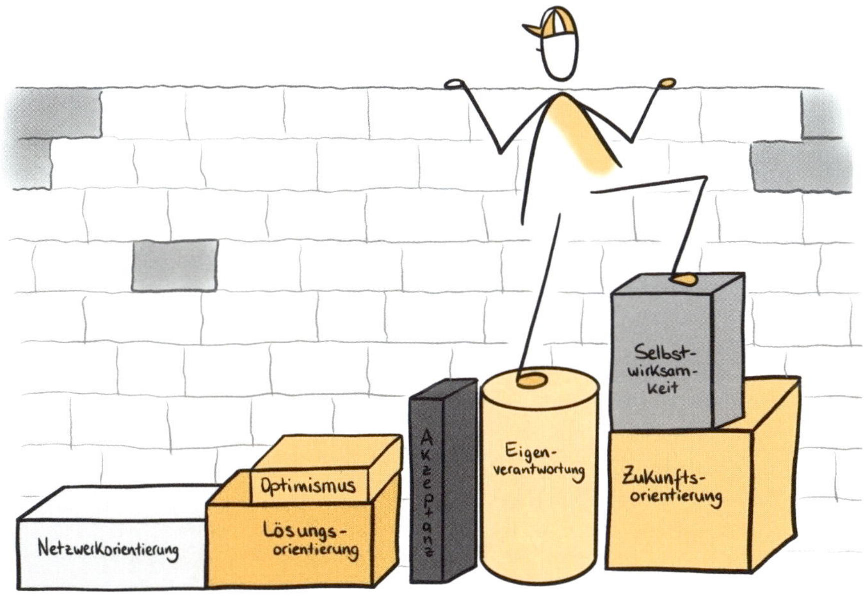

Beim letzten Mini-Resilienz-Hack wollen wir dich in die Welt der fantastischen Geschichten entführen und mit dir die Kraft deiner Lieblingsheld:innen nutzen.

5-Minuten-Tool: **Inspiration über Lieblingsgeschichten**

Egal, ob du lieber Bücher liest oder Filme siehst: Jede und jeder von uns kennt Stoffe, die uns fasziniert haben, die wir immer wieder lesen oder ansehen können, weil sie uns einfach begeistern. Meistens, weil wir die Held:innen aus diesen Geschichten mögen. Weil sie Hindernisse überwinden, sich gegen Schurk:innen und alle Widrigkeiten des Lebens wehren und ihren Weg gehen. Und weil sie eine Entwicklung durchlaufen. Wäre eine Hauptfigur schon von Anfang an perfekt, wäre die Story langweilig.

Was ist deine Lieblingsgeschichte? (Du hast gleich mehrere? Dann kannst du sie auch der Reihe nach bearbeiten, aber fang hier einfach mal mit einer an.)

Wer ist der oder die Held:in in dieser Geschichte?

Welches Ziel will er oder sie erreichen?

Wer oder was sorgt immer wieder für Schwierigkeiten auf diesem Weg?

Wer oder was hilft und unterstützt auf dem Weg? (Fähigkeiten, Menschen, Zufälle …)

Wie sieht der absolute Tiefpunkt in der Geschichte aus?

Wie schafft es deine Lieblingsfigur, aus diesem Tal herauszukommen?

Wie sieht dein Happy End konkret aus? Und was gefällt dir daran besonders gut?

Jetzt gehen wir in den **Transfer**: Du bist die Hauptfigur deines Lebens. Was magst du dir von deiner Lieblingsfigur abschauen? Was in der Geschichte spendet dir Trost? Was motiviert dich, deine eigene Geschichte immer weiterzuschreiben, bis sie zum Erfolg führt?

Welches Zitat, welche Schlüsselszene oder welches Bild motiviert dich am meisten?

Zugegeben: Die Beantwortung dieser Fragen dauert wahrscheinlich länger als fünf Minuten. Wir gehen aber davon aus, dass es für dich eine vergnügliche Zeit ist, weil du den Stoff magst. Das eigentliche Mini-Tool kommt jetzt:

Merke dir die Minute, in der deine Schlüsselszene beginnt, und sieh dir die Szene immer wieder mal an. ODER schreibe das Wichtigste aus deiner Lieblingsszene ab, drucke sie aus und hänge sie an eine Stelle, wo du sie immer wieder siehst. ODER platziere dein inspirierendes Zitat an einem gut sichtbaren Ort. Schaffe dir einfach eine Erinnerungshilfe, die dir immer wieder zeigt: Deine Geschichte wird – wie alle guten Geschichten – Höhen und Tiefen mit sich bringen, sie ist noch nicht zu Ende, aber du schaffst mit Freude alles, um auf dein persönliches Happy End zuzusteuern. Du trägst aktiv dazu bei, deine Zukunft nach deinen Wünschen und Vorstellungen zu gestalten.

Was du aus Kapitel 7 zum Thema Zukunftsorientierung mitnehmen kannst:

1. Unsere Zukunft ist offen, von uns selbst gestaltbar, noch nicht festgelegt. Deshalb ist der letzte wichtige Baustein für Resilienz: unsere Entschlossenheit, unsere eigene Zukunft aktiv zu gestalten.

2. Mehr Auswahl macht uns oft nicht glücklicher, sondern überfordert uns. Entscheidungen fallen uns leichter, wenn wir uns fragen: Was wollen wir zu einem späteren Zeitpunkt in unserem Leben über uns hören?

3. Unsere Ziele sollten sowohl SMART (spezifisch, messbar, attraktiv, realistisch und terminiert) als auch clever (gewünschte Wirkung sowie mögliche Nebenwirkungen berücksichtigen) sein. Für ihr Erreichen sollten wir uns belohnen.

4. Beste Unterstützungen für Veränderungen sind neue Netzwerkverbindungen, der Erwerb neuer Kompetenzen, Experimente, das Sammeln von Informationen und eine regelmäßige Selbstreflexion (was hat gut geklappt, was will ich künftig anders machen).

5. Nichthandeln schwächt das Selbstwertgefühl, während selbst kleine regelmäßige Aktivitäten wie das wöchentliche Zwei-Stunden-Ritual uns stärken und weiterbringen.

6. Die unterschiedlichen Generationen auf dem Arbeitsmarkt eint mehr, als sie trennt. Alle möchten gesehen und gehört werden, Respekt und Wertschätzung erfahren, fair bezahlt und transparent informiert werden und ihren Stärken entsprechend arbeiten.

7. Du kannst Rahmenbedingungen und damit deine Zukunft verändern!

8. Nutze die Trends auf dem Arbeitsmarkt für deine Ziele und komm ins Handeln. Jetzt.

CHECK-OUT

Ist das jetzt das Ende? Natürlich nicht – es ist nur das Ende des Buchs. Jetzt bist du dran. Du kennst nun den Resilienzfaktor und weißt, aus welchen Bausteinen er besteht. Zeit, ihn nun für dich zu nutzen – mit den Methoden, Einsichten und Tools hast du schon viel an der Hand, um langfristig erfolgreicher zu werden.

Dabei kann dir das Buch auch weiterhin gute Hilfe leisten. Am besten, du lässt es in Reichweite liegen und blätterst immer mal wieder hinein. Hier noch ein paar Ideen, wann und wie du es künftig für dich nutzen kannst.

Du glaubst, du steckst fest in einer Situation, die du nicht ändern kannst?

→ Mit dem Circle of Influence findest du Aspekte, auf die du direkt und indirekt Einfluss nehmen kannst.

→ Mit dem Tool »3 x anders« kannst du auch Unangenehmes für dich anpassen.

Du weißt, was du tun willst, aber du traust dich nicht?

→ Im Nachdenken über deine Sternstunden findest du Inspirationen.

→ Lies noch einmal die Antworten aus deiner Stärkendusche und deinem Stärkentest.

Du kommst nicht voran oder glaubst, auf der Stelle zu treten?

→ Mit einem Journaling, in dem du auch kleine Schritte festhältst, wird dein Weg für dich sichtbarer.

Du hast das Gefühl, das schaffst du nicht allein?

→ Schau dir noch mal dein Netzwerk an. Welche Form von Unterstützung brauchst du gerade? Und wer wäre da geeignet?

→ Wenn da niemand dabei ist: Wen hättest du denn gerne zur Unterstützung? Bau dein Netzwerk weiter kontinuierlich aus.

Du brauchst einfach neue Ideen, was du tun könntest?
→ Schau dir noch mal deinen Job-Randomator an. Vielleicht kommen noch weitere Ideen dazu?
→ Frage weitere nette Menschen in deinem Umfeld, welche Jobs und Projekte ihnen zu deinen Interessen, Stärken und Lieblingstätigkeiten einfallen.

Du weißt auch nicht, was du gerade brauchst?
→ Dann blättere einfach immer mal wieder hinein in unser Buch und schau, wo du hängen bleibst. Gib dem glücklichen Zufall eine Chance, tausch dich mit anderen aus. Gern kannst du dich auch bei LinkedIn mit uns vernetzen.

Wir wünschen dir viel Freude beim Denken, beim Lachen und beim Tun.

Herzlichst

Carolin & Ines

DANKE

Dieses Buch ist eine Zusammenfassung all unserer Gespräche, Erfahrungen, Hürden und Erfolgserlebnisse aus den letzten Jahren. So viele Menschen haben dazu beigetragen, dass wir immer mehr über ein gelingendes Leben – auch und trotz Krisen – und erfüllende Berufsbiografien gelernt und begriffen haben. Deshalb sagen wir an dieser Stelle ein dickes Danke an:

Manuela Dollinger, von der wir gelernt haben, wie man neue Themen so aufbereitet, dass Menschen nach einem Training mit viel Lust auf Umsetzung in die Arbeitswelt zurückkehren. Und wie man ein erfolgreiches Business aufbaut – bei der Competence on Top GmbH haben wir uns kennengelernt und eine gemeinsame berufliche Heimat gefunden. Deshalb geht auch ein extragroßer Dank an unsere Ausbilderinnen und Kolleginnen Heike Schröder und Verena Bredol, die uns mit ihrer Großzügigkeit, ihrem Wissen und ihrer Erfahrung inspiriert haben. Beide standen uns in sehr vielen Stunden mit Rat und Tat zur Seite und sind längst zu guten Freundinnen geworden (ihr seid unsere »Königinnen der Wertschätzung.«).

Wir sind außerdem dankbar, in diesem Netzwerk so viele kluge und inspirierende Kolleg:innen zu haben, von denen wir lernen und mit denen wir uns offen austauschen können – ihr seid die Besten! Und ein großes Dankeschön auch an das gesamte Innenteam von Competence on Top um Robert Heinrich. Ihr alle ermöglicht es uns, an sehr schönen Orten mit wunderbaren Menschen tolle Trainings zu geben.

Inspiriert haben uns auch unsere vielen Teilnehmenden, die seit Jahren mit so viel Offenheit und Herzblut an unseren Kursen teilnehmen – tausend Dank an euch alle, dass ihr so offen mit uns geteilt habt, was euch in euren Jobs beschäftigt und bewegt! Wir hatten euch alle vor Augen, als wir dieses Buch geschrieben haben.

Lukas Schmitt vom Murmann Verlag hat uns mit seiner so sympathischen und professionellen Art durch den ganzen Entstehungsprozess dieses Buches begleitet. Jede Begegnung war ein Vergnügen! Für die uns so wichtige grafische Anmutung hat Michel Kreuz gesorgt und das Buch schön leicht gemacht. Unser Lektor Christoph Landgraf hat uns viele wichtige Denkanstöße geliefert und bis zur letzten Seite unsere sich oft wiederholenden Lieblingswörter freundlich entfernt.

Carolin:
Ich wäre nicht da, wo ich bin, ohne den jahrelangen Freiraum und die Möglichkeit, zu lernen, zu wachsen und mich auszuprobieren – danke, Lars Tretzack, für deinen Support. Und Katja Beckmeyer für unseren immer so spannenden Austausch. Ein großes Dankeschön für ein inspirierendes, reiches Jahr und die daraus entstandenen Denkanstöße an Anna-Maria Belz und Carmen Koßagk – ihr seid mein Dreamteam. Und an Conny de Reese – für so viele schöne Erinnerungen, die wir teilen, fürs Zuhören, Mitfiebern und natürlich für die Musik!

Und danke an meine Familie: an meine Eltern, die mir immer das Gefühl gegeben haben, alles werden zu können, an Astrid, meine Bestseller-Role-Model-Schwester, und an Thoralf, der optimistischste Mensch, den ich kenne. An Sven: Danke, dass du mir den Rücken freigehalten hast, mir immer wieder zuhörst und dich mit mir an diesem Buch freust. Und natürlich danke an euch, Elea und Carlotta. Ihr inspiriert mich jeden Tag.

Ines:
Ganz besondere Unterstützung beim Thema Karriereentwicklung durfte ich erfahren von René Joosten – vielen Dank für das jahrelange so fruchtbare gemeinsame Entwickeln einer Karriere-Coach-Ausbildung. Svenja Op gen Oorth hat mit mir »Frag dich in Führung« geschrieben und mich wieder zu den Büchern gebracht, tausend Dank dafür. Silke Krawetzke und Tanja Bächmann versorgen mich regelmäßig mit vielen sensationell guten Tipps und Tricks aus dem Trainer:innen-Alltag. Und Heike Koos, Petra van Heek sowie Katrin Kratky haben ihr Wissen und ihre Gedanken zum Thema Karrieregestaltung so freigiebig mit mir geteilt – das war eine grandiose Einstiegsmotivation!

Bleibt noch das Wichtigste: meine Familie. Danke, Walther, für deinen Humor, der schwierige Phasen leichter macht, und für deine großzügige Unterstützung jederzeit. Danke, Fabian und Narmatha, Ferani und Sanji – ihr lebt mir vor, wie wichtig es ist, Prioritäten zu setzen und dann einige von ihnen wieder über den Haufen zu werfen, weil es einfach Wichtigeres gibt (euch zum Beispiel). Und vielen Dank, Alina, für das stetige Sehen, Zuhören und Fragen.

Von Herzen danke an euch alle – ihr seid unser Resilienzfaktor!

Anmerkungen

Check-in – Was brauchen wir heute für ein gelingendes Leben?

1 Coaching-Marktanalyse 2024 der RAUEN Group: https://www.rauen.de/coaching-report/coaching-marktanalyse.html
2 DAK Gesundheitsreport 2023: https://www.dak.de/dak/unternehmen/reporte-forschung/gesundheitsreport-2023_34592
3 WOOP wurde von den Psychologen Gabriele Oettingen und Peter M. Gollwitzer entwickelt. Das Ehepaar lehrt an der New York University, sie auch an der Universität Hamburg. https://www.psy.uni-hamburg.de/arbeitsbereiche/paedagogische-psychologie-und-motivation/personen/oettingen-gabriele/dokumente/krott-marheinecke-oettingen-2019-mentale-kontrastierung-und-woop-foerdern-einsicht-und-veraenderung.pdf. Unter der Webseite https://woopmylife.org/de/home gibt es weitere Informationen, dort kann man auch online eigene WOOPs erstellen.

Kapitel 1: Akzeptanz – Starte mit dem, was da ist

1 Mehr dazu bei R. Kalisch: *Der resiliente Mensch*, S. 96
2 Gallup Engagement Index Deutschland 2023: https://www.gallup.com/de/472028/bericht-zum-engagement-index-deutschland-2023.aspx
3 Wrzesniewski, Amy/Berg, Justin M./Dutton, Jane E. in *Harvard Business Review*: »Managing Yourself. Turn the Job You Have into the Job You Want«: https://hbr.org/2010/06/managing-yourself-turn-the-job-you-have-into-the-job-you-want
4 Rudolph, Cort W. et al: Job crafting: A meta-analysis of relationships with individual differences, job characteristics, and work outcomes: https://www.sciencedirect.com/science/article/abs/pii/S0001879117300477

Kapitel 2: Optimismus – Wie du ein zuversichtliches Bild von deiner Zukunft entwickelst

1 Optimisten werden älter: https://www.aerztezeitung.de/Medizin/Optimisten-werden-aelter-315170.html
2 So lässt sich Kreativität steigern: https://www.tagesschau.de/wissen/forschung/drogen-kreativitaet-101.html

Kapitel 3: Eigenverantwortung – Wie du deine (Job-)Entwicklung selbst in die Hand nimmst

1 TED-Talk von Lucy Hone: https://www.ted.com/talks/lucy_hone_3_secrets_of_resilient_people
2 Bundesinstitut für Berufsbildung: www.bwp-zeitschrift.de/dienst/publikationen/de/download/18640
3 Bertelsmann Stiftung zur Berufsorientierung von Jugendlichen: https://www.bertelsmann-stiftung.de/fileadmin/files/BSt/Publikationen/GrauePublikationen/2022_Jugendbefragung_Corona_BO.pdf

Kapitel 5: Lösungsorientierung – Wie du immer mutiger und aktiver wirst

1 Beyoncé über Sasha Fierce im Interview mit Oprah Winfrey (BBC): https://www.bbc.com/worklife/article/20200817-the-batman-effect-how-having-an-alter-ego-empowers-you

Kapitel 6: Netzwerkorientierung – Wie du stärkende Beziehungen aufbaust

1 Netzwerkforschung: https://esmt.berlin/de/presse/warum-wir-netzwerke-aufbauen-die-unserer-leistung-schaden-und-was-wir-dagegen-tun-koennen
2 Intro-/Extroversion: https://www.newswise.com/articles/brain-activity-differs-in-introverts-and-extroverts

Kapitel 7: Zukunftsorientierung – Wie du aktiv eine neue Geschichte für dich schreibst

1 »Wo fange ich an?« *Harvard Business Manager,* April 2024, S. 36; Ibarra, Herminia/Smith, Kendall und Courtis, Neil: *Trau dich!*
2 Arbeitsmarkttrends: Gartner (2024): https://www.gartner.de/de/artikel/9-trends-zur-zukunft-der-arbeit-2024

Literatur

Abdaal, Ali: *Feel-Good Productivity. Produktiv sein ohne Stress – und mehr vom Leben haben*, dtv 2023

Amann, Ella Gabriele/Egger, Anna: *Micro-Inputs Resilienz,* managerSeminare 2017

Berndt, Christina: *Resilienz. Das Geheimnis der psychischen Widerstandskraft*, dtv 2015

Blickhan, Daniela: *Positive Psychologie und Coaching. Von der Lösungs- zur Wachstumsorientierung*, Junfermann 2021

Burnett, Bill/Evans, Dave: *Mach, was du willst. Design Thinking fürs Leben*, Econ 2016

Busch, Christian: *Erfolgsfaktor Zufall. Wie wir Ungewissheit und unerwartete Ereignisse für uns nutzen können*, Murmann 2023

Clear, James: *Die 1%-Methode. Minimale Veränderung, maximale Wirkung: Mit kleinen Gewohnheiten jedes Ziel erreichen*, Goldmann Verlag 2020

Covey, Stephen R.: *Die 7 Wege zur Effektivität. Prinzipien für persönlichen und beruflichen Erfolg*, Gabal 2018

Dweck, Carol: *Selbstbild. Wie unser Denken Erfolge oder Niederlagen bewirkt*, Piper 2017

Faschingbauer, Michael: *Effectuation. Wie erfolgreiche Unternehmer denken, entscheiden und handeln*, Schäffer Poschel 2010

Frankl, Viktor: *... trotzdem Ja zum Leben sagen – Ein Psychologe erlebt das Konzentrationslager*, dtv 1998

Fredrickson, Barbara: *Die Macht der guten Gefühle. Wie eine positive Haltung Ihr Leben dauerhaft verändert*, Campus 2011

Fosslien, Liz/West Duffy, Mollie: *Big Feelings. How to be okay when things are not okay*, Penguin Random House 2022

Gilan, Dr. Donya/Helmreich, Dr. Isabella: *Resilienz. Die Kunst der Widerstandskraft*, Herder 2021

Hayes, Steven: *Kurswechsel im Kopf. Von der Kunst anzunehmen, was ist, und innerlich frei zu werden*, Beltz 2020

Heller, Jutta: *Resilienz. Innere Stärke für Führungskräfte*, Orell Füssli 2015

Heller, Jutta: *Resilienz. 7 Schlüssel für mehr innere Stärke*, Gräfe und Unzer 2013

Kaçmaz, Filiz Louise/Kötter, Robert/Kursawe, Marius: *Work Life Romance. Erfinde dein Leben in 24 Stunden neu*, Campus 2023

Kahnemann, Daniel: *Schnelles Denken, langsames Denken*, Siedler Verlag 2012

Kalisch, Raffael: *Der resiliente Mensch. Wie wir Krisen erleben und bewältigen*, Piper 2017

Kilubi, Irène: *Du bist mehr als eine Zahl. Warum das Alter keine Rolle spielt*, Murmann 2024

Kleinschmidt, Carola: *Aus dem Vollen schöpfen – Selbstcoaching-Workbook für berufliche Entwicklung*, dein-gutes-jahr.de 2024

Koehler, Kathrin: *New Networking: Der smarte Weg zu digitaler Sichtbarkeit und souveränem Netzwerken*, Vahlen 2023

Kötter, Robert/Kursawe, Marius: *Design your Life. Dein ganz persönlicher Workshop für Leben und Traumjob*, campus 2015

Löhken, Sylvia: *Leise Menschen – starke Worte. Das Kommunikationstraining für introvertierte Menschen*, Gabal 2022

Mangelsdorf, Judith: *Positive Psychologie im Coaching*, Springer 2019

Mourlane, Denis: *Resilienz. Die unentdeckte Fähigkeit der wirklich Erfolgreichen*, BusinessVillage 2021

Nohl, Martina: *Design your Job. Dein Kritzelbuch zur beruflichen Neuorientierung*, BoD 2017

Nützel, Nicole: *Checkpoint Traumjob: Dein Weg zur erfolgreichen Bewerbung und zu einem erfüllten Berufsleben*, Redline Verlag 2024

Oettingen, Gabriele: *Die Psychologie des Gelingens*, Pattloch 2015

Seligman, Martin: *Flourish – Wie Menschen aufblühen. Die Positive Psychologie des gelingenden Lebens*, Kösel 2012

Stepper, John: *Working Out Loud. Wie Sie Ihre Selbstwirksamkeit stärken und Ihre Karriere und Ihr Leben nach eigenen Vorlieben gestalten*, Vahlen 2020

Struss, Ragnhild: *Wie Sie mit JOB CRAFTING Ihre Arbeit wieder lieben lernen*, Gabal 2023

Druckprodukt mit finanziellem
Klimabeitrag
ClimatePartner.com/12752-1803-1001

Zum Ausgleich für die entstandene CO_2-Emission bei der Produktion dieses Buches unterstützen wir die Bereitstellung von effizienten Kochöfen in Sambia. Die verbesserten Kochöfen verbrauchen zwei Drittel weniger Brennmaterial und verringern so nicht nur den CO_2-Ausstoß, sondern auch die Rodung der lokalen Wälder. Durch die bessere Luftqualität in den Räumen werden Atemwegserkrankungen verringert, und Familien können Zeit und Geld sparen, da weniger Brennmaterial benötigt wird.

Bibliografische Information der Deutschen Nationalbibliothek:
Die Deutsche Nationalbibliothek verzeichnet diese Publikation in der Deutschen Nationalbibliografie; detaillierte bibliografische Daten sind im Internet über http://dnb.de abrufbar.

Lektorat: Christoph Landgraf, St. Leon-Rot
Illustrationen: Carolin Giesemann
Druck und Bindung: Print Best, Viljandi

ISBN 978-3-86774-812-4

Besuchen Sie uns im Internet: www.murmann-publishers.de
Ihre Meinung zu diesem Buch interessiert uns!
Zuschriften bitte an info@murmann-publishers.de
Den Newsletter des Murmann Verlages können Sie anfordern unter newsletter@murmann-publishers.de